无人机输电线路巡检作业培训教材

国网浙江省电力有限公司嘉兴供电公司 组编

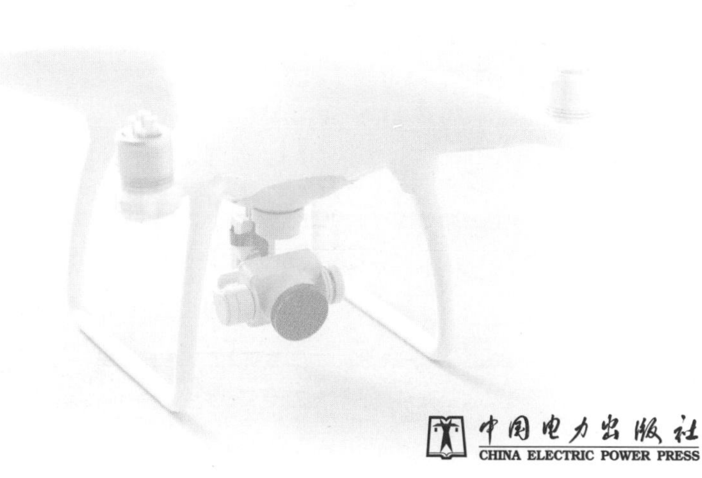

中国电力出版社
CHINA ELECTRIC POWER PRESS

内 容 提 要

近年来无人机巡检已经成为一种普遍的输电线路巡检方式，国网嘉兴供电公司高度重视协同工作，建立无人机巡检作业队伍，从无人机班组建设、制度建设，探索无人机技术、人机协同深化应用、效果评估、巡检资料规范管理等方面着手，建立了人机协同巡检体系，从无人机巡检试点应用阶段深入为常态化应用。

通过多年来对无人机技术的探索和运用，国网嘉兴供电公司利用无人机开展了线路日常协同巡检、保供电特巡、故障巡检、特殊地域巡检、设备验收、三跨巡检、隐患排查等多种输电线路巡检作业。基于以上应用，国网嘉兴供电公司组织编写了《无人机输电线路巡检作业培训教材》，本书共包括4章内容，分别为基本理论与实际操控、电力巡检任务流程、无人机配套设施和无人机巡检典型案例分析。

本书可作为从事输电线路巡视、运检及相关工作的专业人员参考用书，也可作为相关专业人员的培训教材。

图书在版编目（CIP）数据

无人机输电线路巡检作业培训教材 / 国网浙江省电力有限公司嘉兴供电公司组编. —北京：中国电力出版社，2021.6（2024.3重印）

ISBN 978-7-5198-5507-9

Ⅰ.①无… Ⅱ.①国… Ⅲ.①无人驾驶飞机－应用－输电线路－巡回检测－技术培训－教材 Ⅳ.① TM726.3

中国版本图书馆 CIP 数据核字（2021）第 055026 号

出版发行：中国电力出版社
地　　址：北京市东城区北京站西街 19 号（邮政编码 100005）
网　　址：http://www.cepp.sgcc.com.cn
责任编辑：邓慧都
责任校对：黄　蓓　马　宁
装帧设计：张俊霞
责任印制：石　雷

印　　刷：三河市航远印刷有限公司
版　　次：2021 年 6 月第一版
印　　次：2024 年 3 月北京第六次印刷
开　　本：787 毫米 ×1092 毫米　16 开本
印　　张：9.5
字　　数：171 千字
定　　价：58.00 元

编委会

参编人员

主　编　陈　煜

副主编　王　岩　龚以帅　张　昕

撰稿人　颜奕俊　曹哲成　郭一凡　尹　起　钟鸣盛　马旭峰　陶　冶　张艺川　闫仁宝　付世杰　吉　祥　李　牧　王　鹏　马晴华　崔建琦　陈　捷　杨　鹤　李大伟　沈方晴　张　玄　纪　磊　沈　坚　唐夏明　葛　岩　刘　伟

前　言

近年来无人机巡检已经成为一种普遍的输电线路巡检方式，国网嘉兴供电公司高度重视协同工作，建立无人机巡检作业队伍，从无人机班组建设、制度建设，探索无人机技术、人机协同深化应用、效果评估、巡检资料规范管理等方面着手，建立了人机协同巡检体系，从无人机巡检试点应用阶段深入为常态化应用。

通过多年来对无人机技术的探索和运用，国网嘉兴供电公司利用无人机开展了线路日常协同巡检、保供电特巡、故障巡检、特殊地域巡检、设备验收、三跨巡检、隐患排查等多种输电线路巡检作业，实现了从量到质的转变，积累了丰富的无人机巡检经验，提高了无人机应用的实用化水平。同时，建立了一支专业化的无人机人机协同巡检队伍，集中攻关和探索无人机技术，积极探索输电线路人机协同巡检体系。

利用无人机开展的输电线路巡检应用主要包括以下10方面。①输电线路日常巡检，无人机巡检与人工巡检同时开展，重点对较高杆塔、人工巡视无法到达、重要交叉跨越、已产生过缺陷的杆塔区域内通道、导地线、绝缘子金具等进行详细检查。②特高压输电线路保供电特巡，在重要活动、节假日期间，特高压线路均作为保供电对象，并且保供电要求高，利用无人机开展特高压输电线路保供电特巡，查找地面人工难以发现的隐患缺陷，及时上报检修单位处理。

③故障巡检，输电线路发生故障跳闸时，由于杆塔高，故障闪络范围小，现场故障巡视人员难于查找故障点，利用无人机开展线路故障跳闸的巡视，重点检查线路通道状况，导地线有无雷击痕迹、断股等，检查绝缘子损伤情况，金具损伤情况等往往需要登杆检查，准确查找故障点，既减少了登杆人员的工作安排，又提高了故障巡视的安全性。④隐患排查，利用无人机对投运时间较长的电网线路进行检查，近距离的拍摄地线锈蚀等运行情况，掌控设备运行情况，为设备的运维提供了决策资料，取消登杆检查工作，节省大量的人力资源，为重要通道风险评估提供防山火、防机械外破、防污闪、防树木放电、防异物放电、防雷等因素提供基础资料。⑤设备验收，在新设备验收及复验阶段，利用无人机替代人工登塔对输电线路高塔的所有缺陷进行拍摄，降低人工劳动强度，提升新设备投运质量。⑥三跨区段巡检，三跨区段作为输电线路中较为重要的区域，成为日常巡中需要重点排查的区域，传统人工巡视往往难以发现销钉级缺陷，而利用无人机进行三跨区段杆塔的精细化拍摄，可以准确掌握杆塔上的缺陷以及线路通道周围的情况，确保线路的安全稳定运行。⑦停电检修输电线路前后精细化巡检，针对220kV及以上电压等级输电线路，在停电前利用无人机开展针对性的全塔巡视检查，发现严重及以上缺陷时上报技术室安排登塔人员处理，一般缺陷列入停电检修消缺计划表，大大提高了线路缺陷整改率，对保障输电线路安全稳定作用显著。同时工作完成后利用无人机对检修完成情况进行比对，确保检修质量。⑧输电线路带电检测，针对可能存在运行安全隐患的复合绝缘子、金具等开展无人机带电检测。由于输电设备运行位置较高，尤其特高压输电线路输电线路杆塔及其金具，人工测温时与被测物距离较远，容易造成检测误差。通过无人机搭载红外测温摄像头，能够多角度近距离开展测温作业，有效保证测量数据的准确性、完整性，同时减少人员登塔存在的安全隐患，以提升检测效率、方便选择测试角度从而有利于提升测试精度。⑨利用无人机智能库房加强设备管控，通过无人机智能库房建设，分类规范存放无人机机体、地面站、电池、相机等各种配件。落实无人机设备管理责任人，做好无人机日常维护保养工作，设立电池等易爆设备的存放区、充电区，做好无人机库房及设备防火防爆等安全工作。建立无人机仓库管理制度及其重要设备维护管理制度，制订无人机出入库管理细则确保无人机及设备账、卡、物一致性，保证无人机及设备储存环境、存放位置满足要求，出入库流程规范合理。⑩无人机自主飞行远程巡检，根据航线规划，开展无人机机巢部署。机巢具备充电桩、气象站、数据传输等模块，实现自动充电、自主更换吊舱、气象监控、安全防护、状态监控、实时通信、数据自动传输等功能。配置长航时远程控制无人机，可供无人机通道、杆塔及树障自主精细化巡检。无人机由机群管控应用控制，具备多架无人机自动开机、起飞、按航线自主

飞行拍照，完成任务后精准降落；控制机巢对无人机进行自动充电、自动传输数据；控制云端对数据自动智能分析、成果自动上传至后台。

基于以上应用，国网嘉兴供电公司组织编写了《无人机输电线路巡检作业培训教材》，本书共包括4章内容，分别为基本理论与实际操控、电力巡检任务流程、无人机配套设施和无人机巡检典型案例分析。

由于时间紧迫，又限于作者水平，书中难免存在错误和不足之处，恳请广大读者批评指正。

编　者

2020年9月

目　录

CONTENTS

第3章　无人机配套设施

第4章　无人机巡检典型案例分析

第1章 基本理论与实际操控

1.1 基本理论

1.1.1 名词解释

多旋翼无人机（Multi-rotor Unmanned Aerial Vehicle），是指具有2个及2个以上对称分布于机体周围、正反转成对旋翼的非载人飞行器，其普遍采用电能驱动，具有结构简单、飞行稳定、无污染、携带方便、危险性相对较小等特点，配合专业的飞行控制系统，多旋翼无人机变得更加易于操控。

旋翼（Rotor），为直升机和多旋翼无人机等飞行器的主要升力部件，通过电机带动旋翼旋转进而产生升力。多旋翼无人机的旋翼普遍采用碳纤维材料构成，其具有质量轻、强度高、韧性好，不易发生桨面断裂等安全事故。

正桨。从多旋翼无人机上方向往下看，逆时针旋转情况下能够产生升力的桨为正桨，一般正桨的桨面上仅有尺寸标号。

反桨：从多旋翼无人机上方向往下看，顺时针旋转情况下能够产生升力的桨为反桨，一般反桨的桨面上，在尺寸标号后会有“R”或者“P”的标识。

电动机（Motor），特指多旋翼无人机普遍使用的外转子三相无刷电动机，由电调驱动，带动旋翼旋转产生升力，其具有动力强劲，效率高的特点，且耐磨损，使用寿命长。电动机在电调控制下会顺时针或者逆时针旋转，顺时针需要安装反桨，逆时针需要安装正桨。

电子调速器（Electronic Speed Controller，ESC），简称电调，用来根据控制信号调节电动机的转速，多旋翼飞行器所用的无刷电调一般具有一对电调输入线、一根电调信号线和三根电调输出线。电调输入线与电池连接（输入为直流电），信号线与接收机连接，输出线与电动机连接（输出为三相交流电）。调换任意两根输出线与电动机的连接方式均会导致电动机转速反向。

BEC（Battey Elimination Circuit，BEC），其作用是将电池的电压降低至5.2V，

为接收机、飞控板等设备进行供电。

接收机（Receiver），其作用是能够接收遥控器发出的多路信号，并将接收到的多路信号发送给飞控板等设备。一般来说，在同一时刻，一个接收机只能接收一个遥控器的控制信号。

遥控器（Remote Controller），其作用是对多旋翼无人机发出多路通道的操控信号，将飞控手操控的各种飞行指令传输给多旋翼无人机，使其飞出相应的飞行姿态。一般来说，在同一时刻，一个遥控器只允许发射给一个接收机控制信号。

地面站（Ground Control Station），其作用是对无人机发出控制信号和接受飞行器参数信号等，包括航路制订、飞行姿态、飞行高度、速度等。

1.1.2 飞行原理

首先需要明确飞行姿态的概念。与地面上的运动物体（比如汽车）不同，无人机具有更多方向上的运动自由度。就无人机本身来说，其机体坐标系相对于北东地坐标系会形成滚转、俯仰和偏航三个角度状态，而相对于起飞点则可形成左右、前后、上下三个位置状态。直观地，称无人机整体左右倾斜为左右滚转，称低头/抬头为俯仰，称机头向左/向右为左偏航/右偏航。

6轴无人机动力学简化模型如图1–1所示，6个旋翼上的弧形箭头表示旋翼转向，竖直向上的箭头表示旋翼转速。多旋翼无人机的飞行姿态改变完全是通过改变相应旋翼的转速来实现的。以6轴无人机为例，在悬停状态下，如图1–1（a）所示，6个旋翼的转速基本相等；当需要升高时，6个旋翼转速同时增加，竖直向上的箭头变长［如图1–1（b）所示］，升力变大，无人机垂直爬升；当需要向右运动时，无人机需要产生右滚转，此时，左侧电动机转速均匀增加，右侧电动机转速对应减小［如图1–2（a）中竖直箭头所示］，则向右的滚转力矩使机体右倾，在空间实现向右运动；当需要向后运动时，无人机需要产生抬头，因此机头一侧电动机需要加速，机尾一侧电动机相应减速［如图1–2（b）中竖直箭头所示］，产生抬头力矩，在空间实现向后运动；每个旋翼在产生升力时，会同时产生相对于机体中心的反扭矩，即正桨产生顺时针扭矩，反桨产生逆时针扭矩，于是当需要机头向右时，正转的1、3、5电动机转速增加，反转的2、4、6电动机转速减小（如图1–3中竖直箭头所示），反扭矩之和为顺时针，使机头向右偏转，实现右偏航。

由上述各通道运动原理可以知道，6轴无人机在改变任意通道的姿态时，6个电动机都会同时产生力矩效果，这样在实际系统飞行中能够以较小的升力变化产生所需的力矩效果，减轻了单个电动机的工作负载，从而在一定程度上减弱机体振动，因此会带来更好的稳定性。

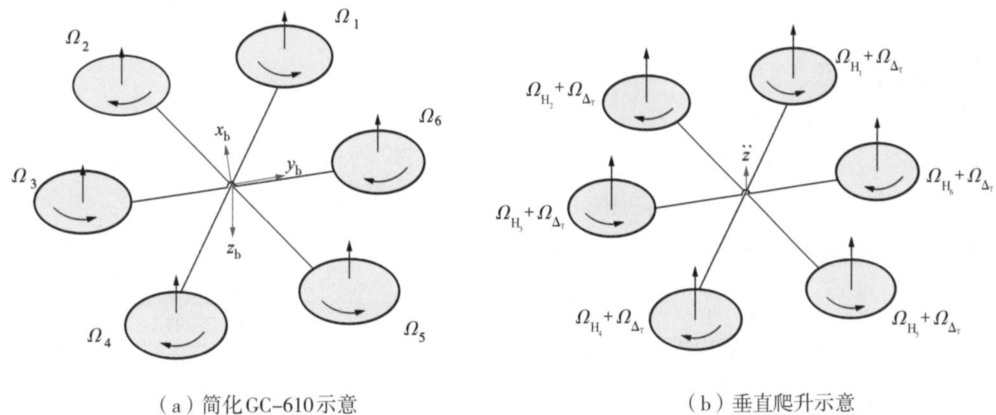

（a）简化GC-610示意　　（b）垂直爬升示意

图1-1　6轴无人机动力学简化模型（一）

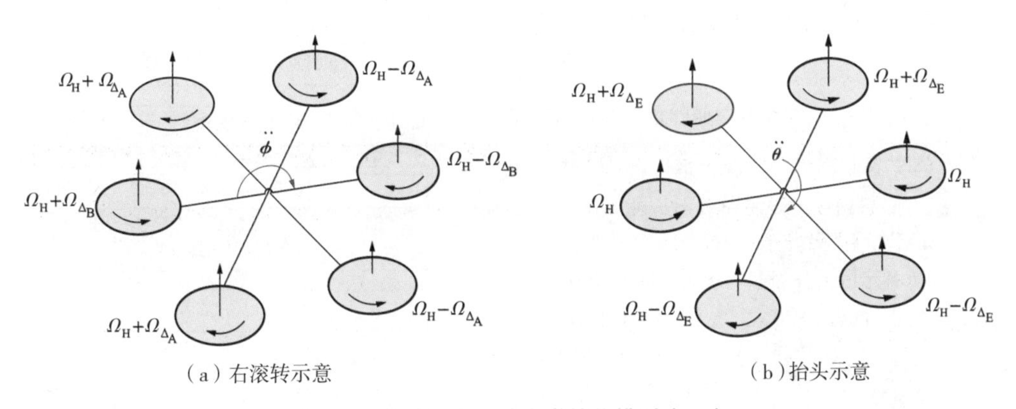

（a）右滚转示意　　（b）抬头示意

图1-2　6轴无人机动力学简化模型（二）

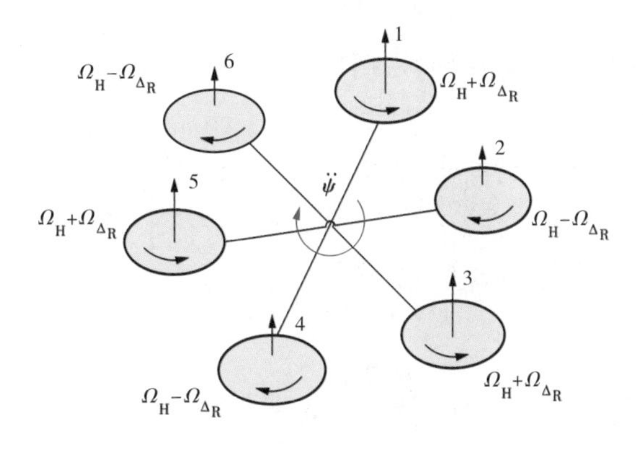

图1-3　偏航运动示意

1.2 计算机仿真模拟

在实际操作之前，进行计算机上的仿真模拟使操作人员逐步认识无人机的飞行特性，建立起遥控器与无人机姿态的控制对应关系。

1.2.1 模拟软件介绍

运行环境：装有Windows XP SP3或WIN7的PC机（推荐笔记本电脑）；系统带有USB转串口驱动。

软件安装：该模拟器为安装包软件，安装到电脑上即可使用；若缺少DirectX组件，安装好组件后方可使用，安装并调试完成后，最好将系统进行备份。

模拟软件的图标为，点击运行。

下面对模拟器工具栏进行使用说明：

（1）系统设置。可以进行配置新遥控器、通道设定与编辑、校准遥控器等功能（见图1–4）。

图1–4 系统设置界面

（2）模型。选择【选择模型】→【更换模型】可载入需要练习的模型，推荐使用模型类别为Helicopter菜单下Electric选项Align T–Rex 450 Pro直升机模型和Others→Quadcopter菜单下的Gaui 330–X四旋翼模型（见图1–5）。

（3）飞行场地。选择【选择场地】→【更换场地】可载入不同的模拟场景；推荐使用默认场景；也可调整风向、风速等干扰因素；同时也可改变场地布局，以适应不同的训练（见图1–6）。

（4）查看信息。选择【查看信息】可自动调整视点与无人机之间的距离；也可选择是否在模拟器窗口显示无人机的速度，高度及爬升率，飞行参数，遥控器等数据（见图1–7）。

图1-5　选择模型

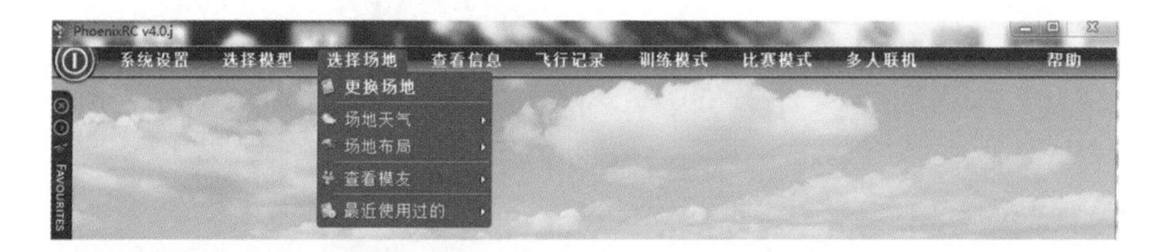

图1-6　飞行场地选择

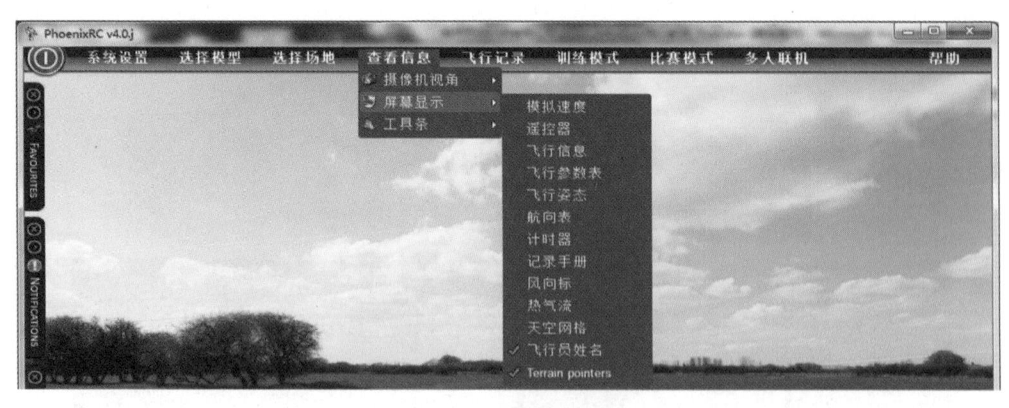

图1–7　查看信息

（5）训练模式。可进行单通道与多通道的悬停训练等（见图1–8）。

图1–8　训练模式

（6）比赛模式。可进行多种趣味模拟比赛，如投炸弹、刺气球等（见图1–9）。

图1–9　比赛模式

（7）多人联机。可进行多人联机飞行等（见图1–10）。

图1–10　多人联机

（8）帮助。提供给用户使用帮助（见图1–11）。

配置遥控器包括以下内容。

图1–11　帮助

（1）遥控器通道说明，遥控器4通道如图1–12所示。

1通道：右手左右，操纵滚转，即无人机向左/向右翻滚；

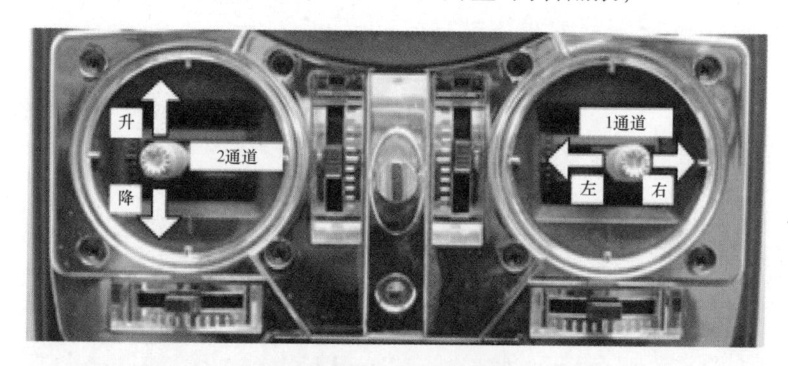

图1–12　遥控器4通道

2通道：左手上下，操纵俯仰，即无人机抬头/低头；

3通道：右手上下，操纵油门；

4通道：左手左右，操纵偏航，即机头向左/向右。

插入遥控器→打开软件→校准遥控器→选择模型→操控练习→关闭软件→拔出遥控器。

（2）校准遥控器方法（3个步骤）。

1）进入校准窗口：选择系统设置【选择遥控器】，出现“校准”窗口（见图1–13）。

2）校准通道量程：选择点击【校准】按钮，按照提示将4个通道的操纵杆上下/左右拨到极限位置，重复几次，然后点击【下一步】（见图1–14）。

3）校准通道中立位置：确认1、2、4通道蓝色显示刚好一半，3为油门通道，其显示条随油门杆而定，确认后点击【结束】，完成校准（见图1–15）。

图1–13　校准窗口

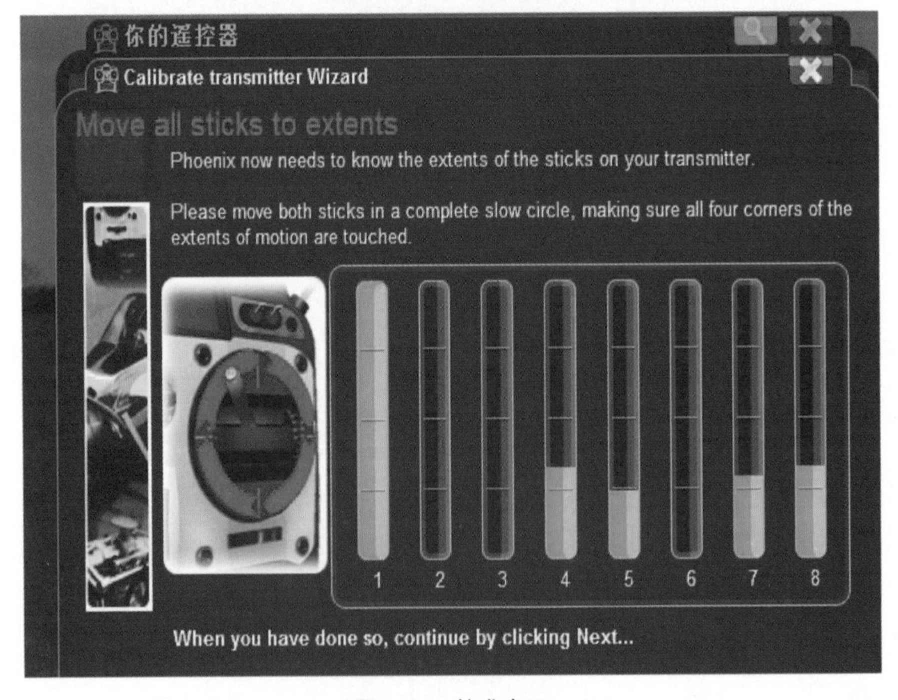

图1–14　校准窗口

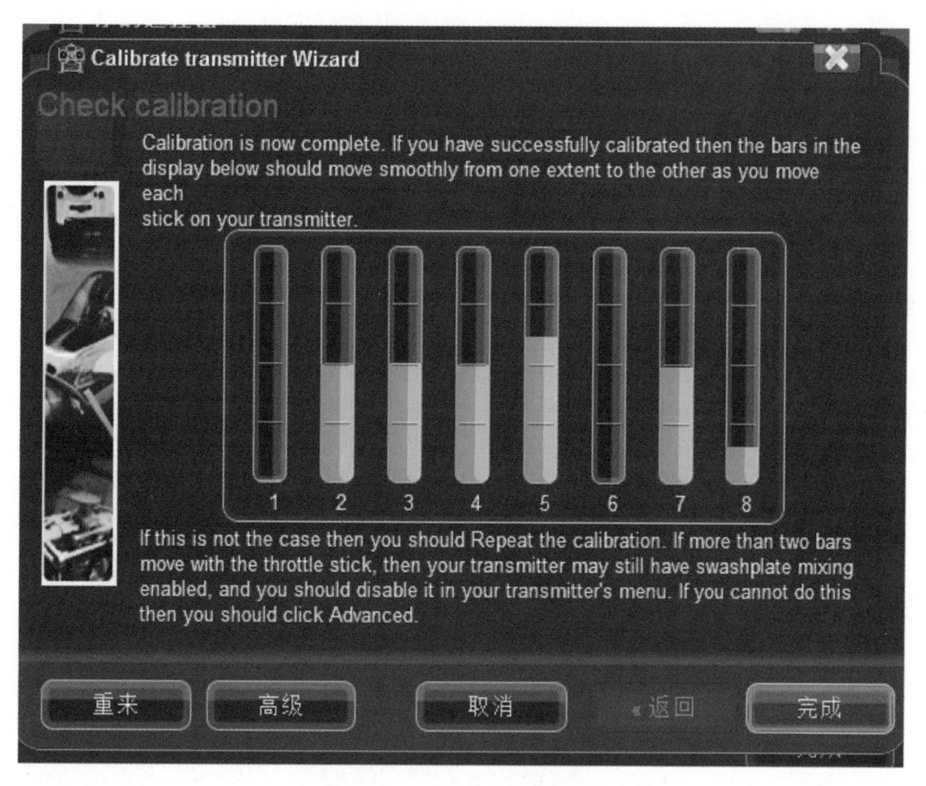

图1–15 校准中立位置窗口

可能每次开机启动软件后都需要校准，以确保遥控器处于良好工作状态。

选择模型和场景，缓慢推动油门操纵杆3，直至无人机能够离地飞行；同时操纵滚转操纵杆1、俯仰操纵杆2和偏航操纵杆4，使无人机尽可能地悬停在空中；飞行过程中，背景上较明显的参照物有助于观察无人机的姿态情况。

注：四旋翼模型中，无人机上有黄色小球的一侧为机头方向。

训练完成后，可直接关闭模拟软件，拔下遥控器妥善保管好。

1.2.2 定点悬停练习

定点悬停是所有飞行动作的基础，有助于熟练掌握无人机的控制特性，即如何通过操作遥控器使无人机得到期望的姿态，形成条件反射。定点悬停根据机头方向的不同一般分为四种情况，即对尾、右侧位、左侧位和对头悬停。

（1）对尾。缓慢推动油门杆使飞机平稳起飞，保持机头向前，高度在3m左右。练习过程中要时刻注意方向舵的操作，使机头保持向前。最初的练习，飞机容易发生漂移，需要时刻小幅度修正俯仰和滚转，切忌不要太大。在高度上，尽量控制飞机保持在3m左右。在此过程中，逐渐缩小飞机漂移的范围，直到能在机头向前的状态下使其位置保持在2m的立体空间内。

（2）右侧位。对尾悬停练习合格时，可以尝试练习机头右斜45° 的位置，高度和距离都要保证自己能够准确判断机身姿态，待能熟练控制飞机保持悬停后，可将机头偏向右侧90° 位置，即右侧位。右侧位悬停的要点和对尾相似，副翼舵、俯仰舵、方向舵要时刻做动作，舵量要小，避免打反舵。开始可以在开阔的场地作区域性练习，基本能维持在区域内时，可以选择定点练习。

（3）左侧位。左侧位即机头向左90°，其练习过程与右侧位类似。

（4）对头。以上3个方位练习合格后，可以进行对头练习。对头时，滚转与俯仰与对尾从视觉上完全相反，但需要明确：所有姿态都是以机头向前来显示的。对头悬停的练习要点基本一致，舵量要小，避免反舵，距离和高度合适。但是对头时，如果俯仰舵控制不好，飞机容易飞向自己，所以在准确判断机身姿态的同时，一定要注意俯仰舵的控制，避免飞机飞向自己。

在模拟器练习时，一定要将飞机控制在眼前一定距离，杜绝飞机太靠近自己。在实际飞行中，距离太近非常危险，所以在进行模拟器练习时一定要养成好的练习习惯。练习过程中要多思考，同时模拟器练习要坚持每天每次半个小时以上，宜多不宜少。练习过程中，拿模拟器的姿势要合理，这些操作习惯会直接影响到实际的操作。

1.2.3 原地自旋练习

当能够熟练将飞机悬停在某一区域时，飞控手已经形成了初级的条件反射，知道遥控器上的操作会引起飞机姿态的相应变化。在此基础上，可以进行原地自旋练习。悬停在某一高度后，左手缓慢拨动偏航通道可将无人机顺时针或逆时针自旋起来同时控制滚转与俯仰通道使得无人机在自旋的时候机身的旋转中心保持定在原地不发生偏移。

1.2.4 航线飞行练习

当能够熟练将飞机悬停在某一区域时，飞控手已经形成了初级的条件反射，知道遥控器上的操作会引起飞机姿态的相应变化。在此基础上，可以进行航线飞行练习。根据飞行过程中机头方向的不同，可将航线飞行分为机头向前和机头向目标点两种。

（1）机头向前。即飞行过程中始终保持机头向前，这其实是对悬停的一种强化训练。保持机头向前，进行前后、左右飞行练习，尽量只进行一个方向上的飞行，因此当飞机发生另一方向的偏离时，需要正确地将其修正到期望航线。之后，可进行机头向前，航线为斜45°方向，尽量使飞机在期望航线上匀速飞行。

（2）机头向目标点。即飞行过程中始终保持机头朝向航线的终点，此时飞行难度与航线的复杂程度相关，需要协调控制滚转、俯仰和航向，使飞机按照期望轨迹飞行。注意控制飞行速度，体会飞控手对飞机的控制作用。

1.2.5 虚拟任务练习

本书所使用飞行模拟软件是一款市面上较为高端的飞行教学模拟软件，软件使用逼真的物理模型和清新美丽的自然风景。

利用本软件，用户可以自己拟订实际任务，对模拟器场景中的书、汽车、房子等物体进行定点“凝视”悬停，模拟实际情况中，对杆塔、绝缘子、金具等其他需要精细巡查对象的图像采集过程。定点“凝视”悬停10~20s以后，就可以结束飞行任务，将无人机返回地面。

1.2.6 模拟考核

对于每一项训练内容，将根据期望的飞行指标进行考核，只有当每一项考核都通过时，才可进行下一步的实际飞行演练。

1.3 教练机实际操控训练

1.3.1 初级科目

图1–16为F450教练机，可给学员在操控真机前进行强化飞行训练。

1.3.1.1 垂直起飞与降落

概述：垂直起飞与降落是最基础的飞行动作，这是作为一个初学者必须练好的基本功，该科目关系到飞机起飞与降落安全性。

内容：在学员前方6m处画一个直径1m的圆或者垫一块不容易被风吹起的1.5m × 1.5m起降布，掰杆（向内掰杆/向外掰杆/同左掰杆/同右掰杆）启动电机，电机启动后缓慢推动油门杆，推动油门杆的同时注意飞机自身姿态是否改变，若改

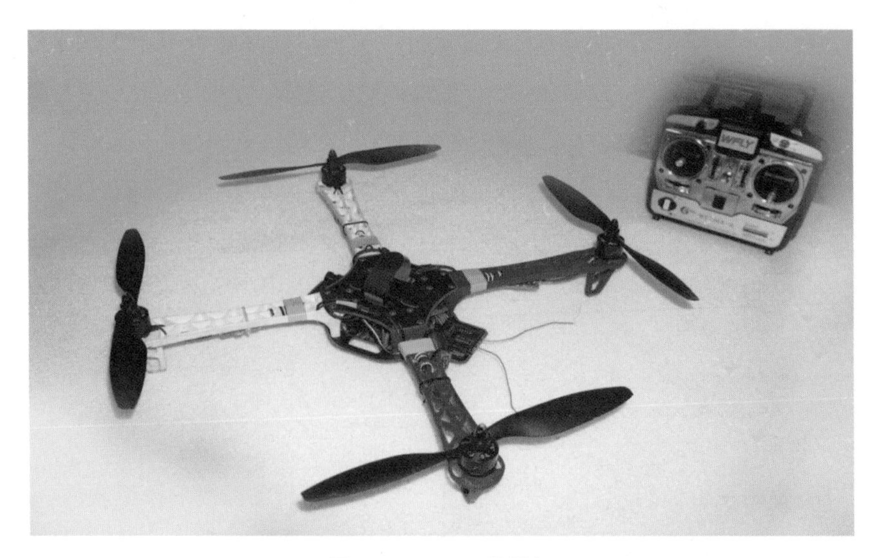

图1-16　F450教练机

变需适当适时打舵修正飞机姿态使其保持水平，直至将油门杆推至50%左右飞机平稳起飞。待飞机缓慢匀速离地升至2m左右高度时，做短暂悬停后慢慢收油门，将飞机缓慢降落，平稳落于圆内。在整个过程中，飞机的重心尽量始终保持在以起降圆中心为端点的垂线上。练习时可以想象在起降圆上有一个底面直径为1m高为2m的正方形柱子，起降时设法把飞机维持在柱子内。熟练后逐渐把柱子的直径减小到0.8m、0.6m、0.4m、0.3m…，直至可以让飞机直上直下起降（具体见图1-17）。

图1-17　垂直起飞/降落

1.3.1.2　定点起飞/降落

概述：定点起飞/降落的练习有利于增强悬停功底，有助于学员适应执行任务时的复杂地形，完成精确起飞与降落。

内容：在学员前方7m处画一个直径1m的圆或者垫一块踏脚垫作为起降坪地面

标志，飞机在圆内起飞与降落，在飞机离地2m时停止推动油门，使飞机处于悬停状态，并保持2m高度30s，漂移半径在圆内，然后缓慢降落于圆内，起飞与降落方式同上（见图1-18）。

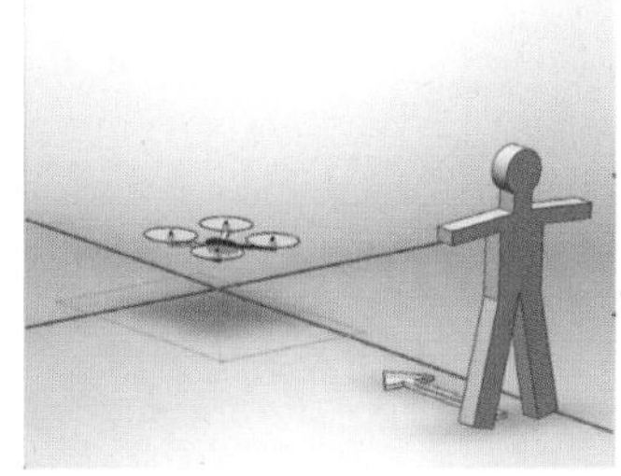

图1-18　定点起飞/降落

1.3.1.3　定点低空八方位悬停

概述：悬停是所有飞行动作的基本功。许多飞行瓶颈的突破往往可以通过加强悬停动作练习达到，飞机悬在空中并不等于悬停，悬停又不等同于悬停动作。八方位的练习可以使学员熟悉所有姿态的控制，有利于突发情况的应对，以及难度动作的学习。

内容：首先学员前方7m处地上画一个1m直径的圆圈或放一个重些的（避免被吹起来）踏脚垫作为起降坪地面标志，飞机可以从上面垂直起降。想象在踏脚垫上方2m处有一个边长为1m的正立方体“盒子”，悬停时要设法时时把飞机“锁”在这个盒子里，从连续几秒到连续几十秒直至连续一分钟。熟练后逐渐把“盒子”的边长减小到0.8m、0.6m、0.4m、0.3m…，直至可以把飞机像钉子一样钉在原地不动，这时会发现用来控制的手却要不停地快速调整，特别是风大的时候。开始可以先练对尾悬停，然后练两边的侧悬停，然后练对头，然后练4个45°悬停。这8个姿态的悬停可以循环练习。保持不动的诀窍是看准飞机的姿态和移动趋势，提前修舵，修舵要快但幅度要小，手法要柔和。

（1）正悬停（机尾朝自己）。起飞时慢慢推油门杆，在飞机离地的时候注意飞机的姿态（机身往哪偏，相应地打出修正的舵），做到稳起，不应跳跃式起飞。在飞机起身离地后，自己设定一个悬停高度（2m），控制油门杆将飞机定在这个高度上。时刻注意飞机的运动姿态，在它有向上升高或者往下降低趋势的时候，要及时修正舵量（打舵要柔和）来平稳其姿态，不能让飞机忽上忽下（见图1-19）。

（2）侧面悬停（机头对左/右）。练侧面悬停的前提条件是正面悬停可以稳住飞机。在飞机起飞到一个高度（2m）悬停后，慢慢打方向舵（打的同时注意飞机姿态变化，时刻修正飞机姿态）使飞机在水平面内旋转，直到机头和正前方成90°

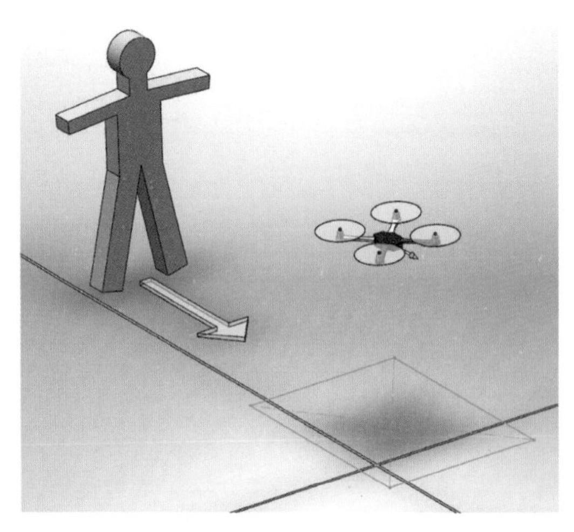

图1-19　定点低空八方位悬停——正悬停

角，然后稳住飞机。参照机体坐标系，如果飞机往左移，相应打出右副翼舵，使其悬停，反之同理；如果飞机往后退，相应前推俯仰舵，反之同理（见图1-20）。

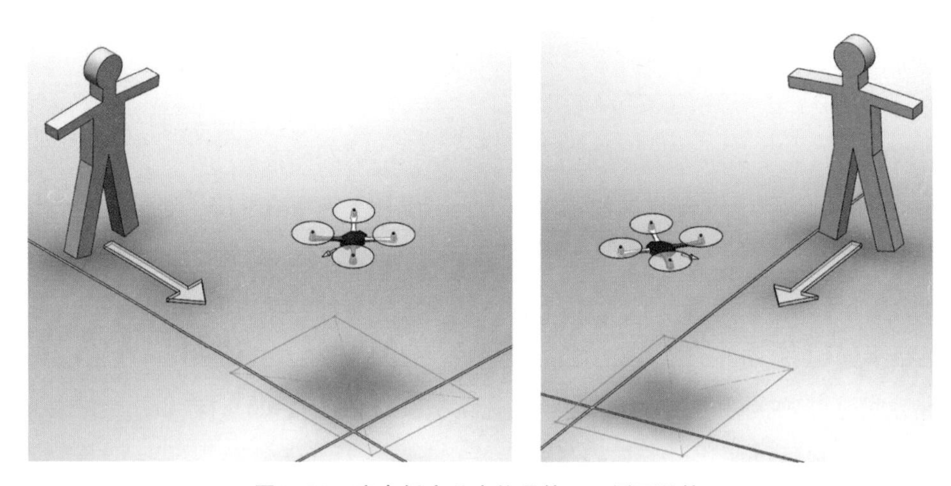

图1-20　定点低空八方位悬停——侧面悬停

（3）对尾悬停（机头对着自己）。在侧面悬停都练会后，可以尝试练习对尾悬停，此时操纵是反向的。飞机悬停在一个高度（2m）后，慢慢将机头旋转过来对着自己，注意飞机姿态变化，相应提前给出其抵消飞机姿态变化的舵量（注意力集中，头脑清醒，遇到错舵不慌不忙，操纵不好时立刻将机尾对自己）（见图1-21）。

（4）45°悬停（4个）。在四面悬停都学会并且熟悉打舵手法后，可以尝试练习4个45°方位悬停，飞机起飞到一个高度（2m）悬停后，慢慢打方向舵（打的同时注意飞机姿态变化，时刻修正飞机姿态），使机体在水平面内旋转，直到机头和正前方成45°角，然后稳住飞机。参照机体坐标系，如果飞机往左移，相应打出右副翼舵，使其悬停，反之同理；如果飞机往后退，相应前推俯仰舵，反之同理（见图1-22）。

图1-21 定点低空八方位悬停——对尾悬停

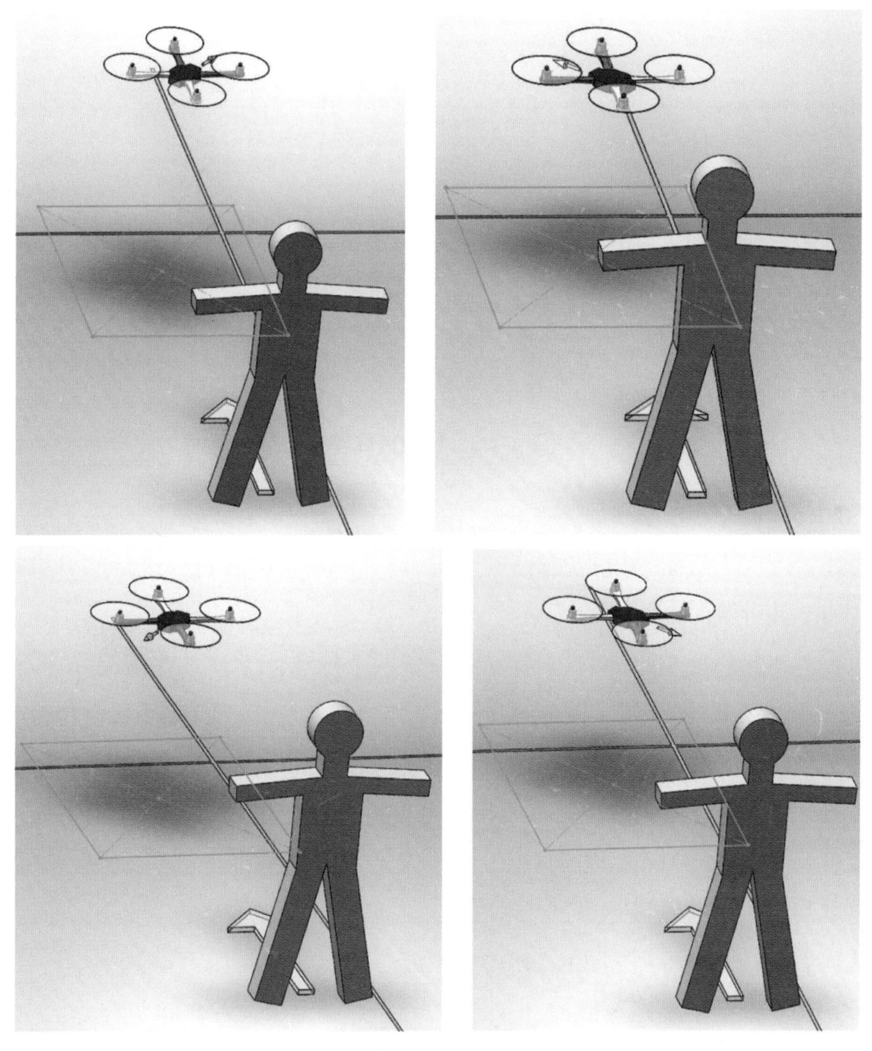

图1-22 定点低空八方位悬停——45° 悬停

1.3.1.4　原地自旋转

概述：该科目训练时，飞机全方位的旋转操作可利于学员各种视角的捕捉，适应任务的多要求性。

内容：飞机在起降坪上空2m处做缓慢原地自旋转，悬停时慢慢打方向舵，使机体旋转360°；打舵的同时注意飞机姿态变化，时刻修正飞机姿态使其保持水平。想象在起降坪上方2m处有一个边长为1m的正立方体"盒子"，旋转的过程中要将飞机维持在这个盒子里。熟练后逐渐把"盒子"的边长减小到0.8m、0.6m、0.4m、0.3m…。要同时练习顺时针和逆时针的旋转，旋转一定要缓慢，八位悬停是这个动作的基础。原地自旋转如图1-23所示。

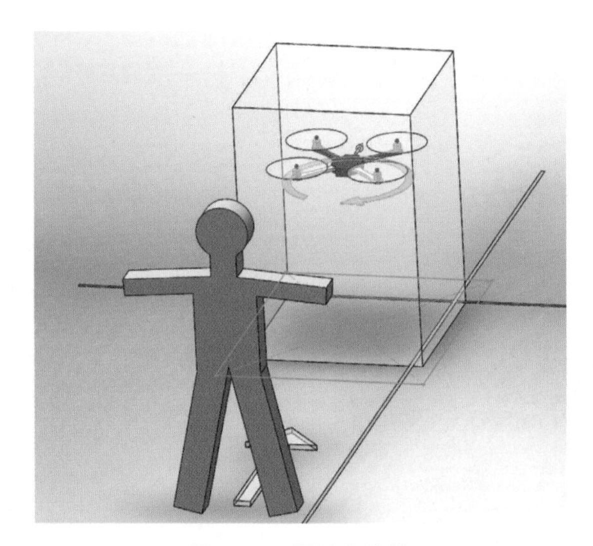

图1-23　原地自旋转

1.3.1.5　低空小航线

概述：低空小航线是模拟实际执行飞行任务所制订的科目，进行此科目的训练能够增加学员对航向更深刻的感受。

内容：在起降坪左边和右边各5m处放置两个标志。学员站在离起降坪7m的位置，飞机垂直起飞至2m高，做2s以上悬停后向左/右旋转，前进平移至左边或右边的标志上空。平移要缓慢。想象在起降坪上方2m处和标志上方5m处有一个1m高、1m宽、5m长的通道，平移时要将飞机维持在这个通道里。熟练后逐渐把通道的高度和宽度降为0.8m、0.6m、0.4m、0.3m…。通道宽度的降低会更难些，学员面前远近更难判断些。航线飞行来回平移2次，一般在端点调转方向（即机头向左旋转180°或向右旋转180°）（见图1-24）。

1.3.1.6　低空平面矩形航线

概述：低空平面矩形航线是自我定制的一种航线飞行，能够增加学员对航路控

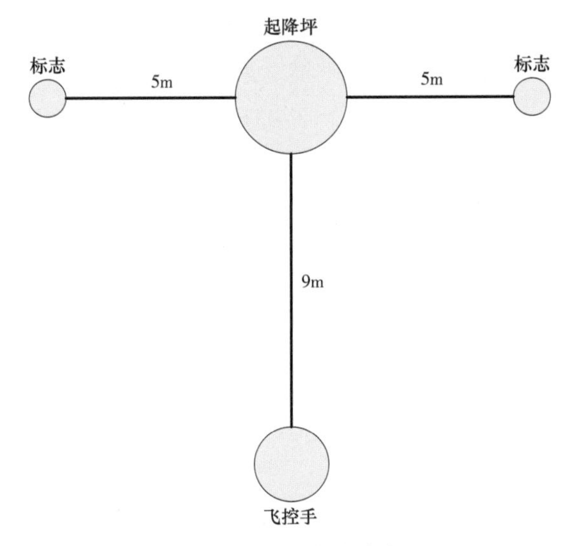

图1-24 低空小航线

制的准确性。

内容：在起降坪左边和右边各7m处放置两个标志。起降坪左右两边标志前方4m处再放置两个标志。学员站在离起降坪2m的位置，飞机垂直起飞至2m高，做2s以上悬停后向左/右旋转90°，前进平移7m至左边或右边的标志上空，再做2s以上悬停后向右/左旋转90°，前进平移4m至左边或右边的标志上空，再做2s以上悬停后向右/左旋转90°，前进平移14m至左边或右边的标志上空，再做2s以上悬停后向右/左旋转90°，前进平移4m至左边或右边的标志上空，最后做2s以上悬停后向右/左旋转90°，前进平移7m至左边或右边的起降坪上空，悬停2s缓慢降落于起降坪（见图1-25）。

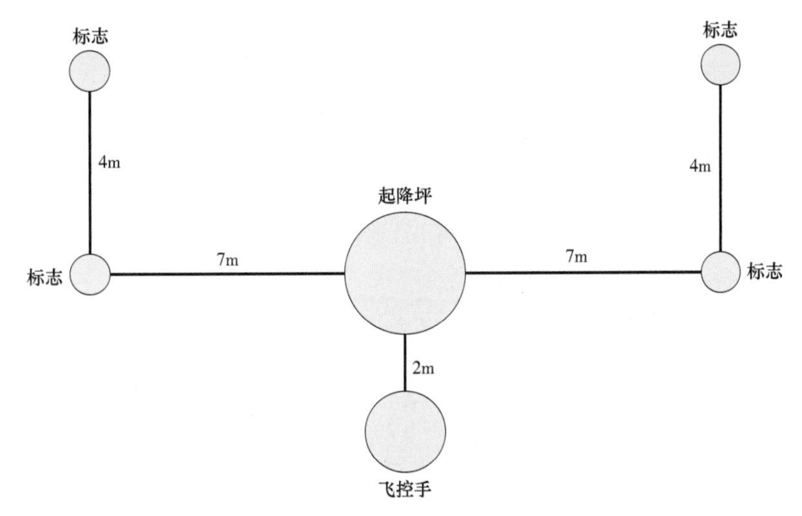

图1-25 低空平面矩形航线

1.3.1.7 定点高空八面悬停

概述：定点高空四面悬停是在基本悬停基础上较为高阶的一种训练方式。在视觉差的影响下，进行四面悬停，有助于学员在高空对特定方向进行拍摄录像时，“凝视”悬停的稳定性。

内容：飞机悬停高度为6m，其余同“定点低空八方位悬停”科目相同。

1.3.1.8 高空平面矩形航线

概述：在低空平面矩形航线基础上增加了难度，增加学员对飞机的掌控力。

内容：飞机起飞至6m高度，其余同“低空平面矩形航线”科目相同。

1.3.1.9 超高飞行训练

概述：增加飞行的高度，提高难度，训练学员对视觉差的更深的感受，提高学员的视觉差适应能力。

内容：飞机垂直起飞至高度20m，悬停保持1min不漂移，然后平稳降落于起降坪（见图1–26）。

图1–26 超高飞行训练

1.3.2 高级科目

1.3.2.1 八字航线飞行

概述：模拟“蜜蜂8字舞”，综合初级科目学习的教程，进行全方面的飞行能力训练。

内容：飞机从离学员3m远的起降坪垂直起飞至距离地面1.5m处，机头原地旋转45°，向前推动升降舵，油门随飞机高度柔和打舵，同时打左副翼与右尾舵，当机头转过180°时，向前推升降舵，重复此类动作，使飞机形成一个类似“8”字的飞行轨迹，过程注意保持飞机高度（见图1–27）。

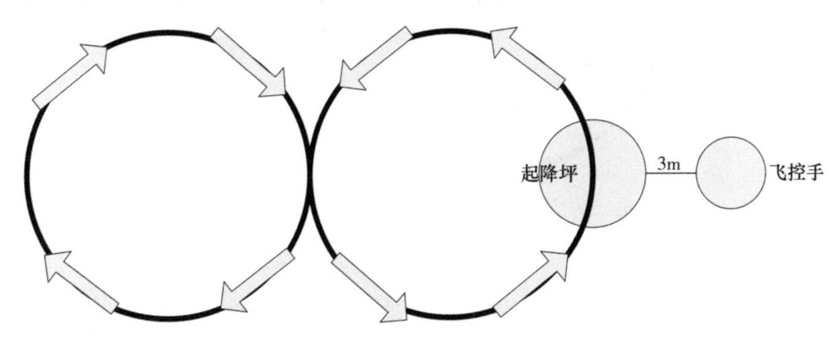

图1–27　八字航线飞行

1.3.2.2　绕中心点飞行（平移）

概述：模拟实际飞行需要，综合初级科目学习的教程，进行全方面的飞行能力训练。

内容：将某一物体设为飞机飞行轨迹中心点，使飞机围绕此中心点做出圆周运动（机尾始终对着学员）（见图1–28）。

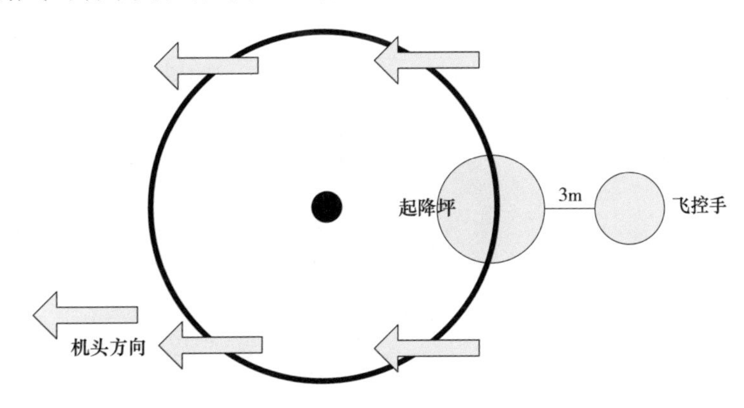

图1–28　绕中心点飞行（平移）

1.3.2.3　绕中心点飞行（旋转）

概述：模拟实际飞行需要，综合初级科目学习的教程，机头方向锁定飞行，学员实时矫正航向，全方面的飞行能力训练。

内容：将某一物体设为飞机飞行轨迹中心点，使飞机围绕此中心点做出圆周运动（机头始终对着中心点）（见图1–29）。

1.3.2.4　躲避障碍物飞行

概述：训练学员各种打舵手法，应对各种情况。

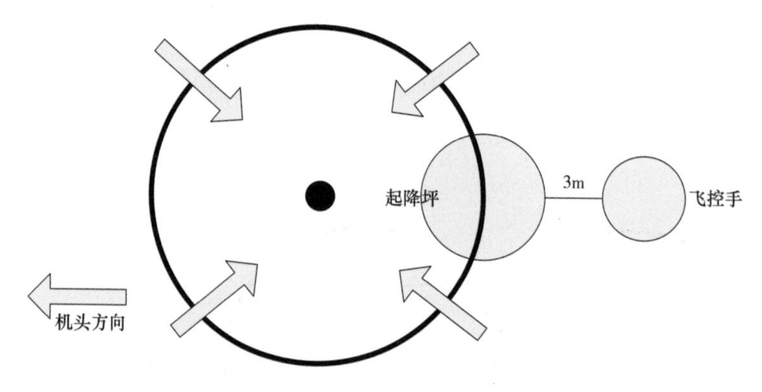

图1–29　绕中心点飞行（旋转）

内容：在绿化区有树木的场所飞行，躲避各种障碍物，保持飞机不碰撞。

1.3.2.5　远距离飞行

概述：模拟实际飞行任务需求，进行远距离巡视任务。综合初级科目学习的教程，进行全方面的飞行能力训练。

内容：将飞机起飞至5m高度，向正前方匀速飞行至100m远处，悬停20s，匀速返航至起降坪（见图1–30）。

图1–30　远距离飞行

1.4　真机实际操控练习

在熟悉软件模拟和硬件设备，进行了F450教练机的训练之后（为了更安全稳定地过渡到真机的操控，本书建议使用F450教练机作为先行使用的过渡飞行器，供学员练习），可以逐步进行无人机真机的实际操作练习。事实上，真机具有极高的可靠性和稳定性，在GPS模式下，甚至不需要人为干预，仅保持油门在中立值即可实现高精度的定点悬停。然而，在训练中，建议使用姿态模式进行飞行，以更好地体会对无人机的操作感。

真机系统一般由无人机、地面站、遥控器1（遥控器2）、后勤设备（工具箱、充电器和电池）等部分组成（见图1-31~图1-34）。

图1-31　无人机

图1-32　地面站

图1-33　遥控器1（遥控器2）

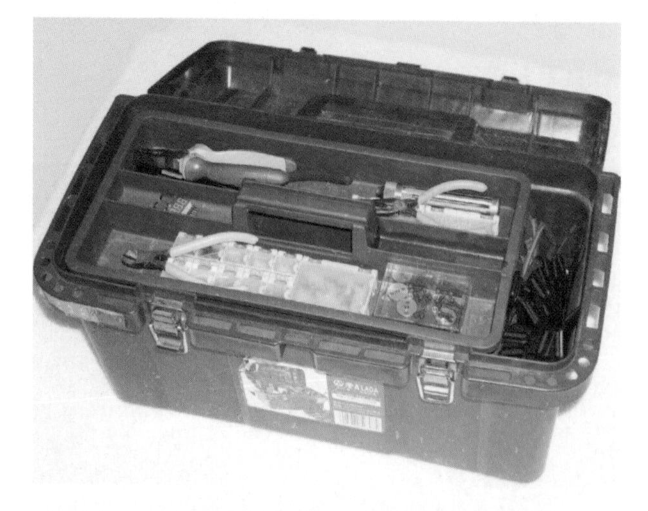

图1–34 后勤设备（工具箱、充电器和电池）

各部分之间的关系见图1–35。

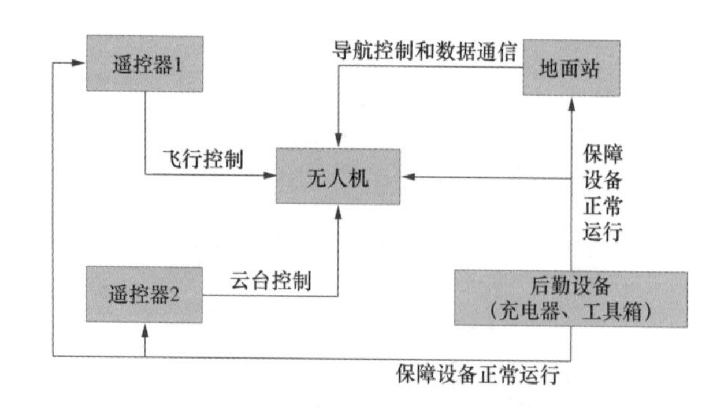

图1–35 各部分之间的关系

任何时候都应明确多旋翼无人机具有一定的危险性，因此在飞行前，要选择较为空旷的场地，并做好周围防护。

将无人机置于离操作人员5~10m距离，将遥控器油门置于最低位，所有开关键处于关闭位置，打开遥控器，然后接通无人机的主控电源，观察状态指示灯是否正确，待20s后，接通动力电源，完成起飞前准备工作。

1.4.1 初级科目和高级科目

真机的初级科目和高级科目与教练机的初级和高级科目相同，具体请见1.3.1和1.3.2相应内容。

1.4.2 实际飞行操控考核

尽管在实际中通常会采用自主模式进行飞行，但人工操控作为最主要的一部分，需要给予高度的重视。因此，对于上述各项飞行练习，将按照相应指标进行严格的考核测试。

1.4.3 专业科目（地面站和真机配合使用，执行任务）

1.4.3.1 地面站硬件操作

打开地面站电源按键后，启动系统，等待进行Windows操作界面，即可完成操作。

1.4.3.2 地面站软件操作

点击，运行界面如图1–36所示。

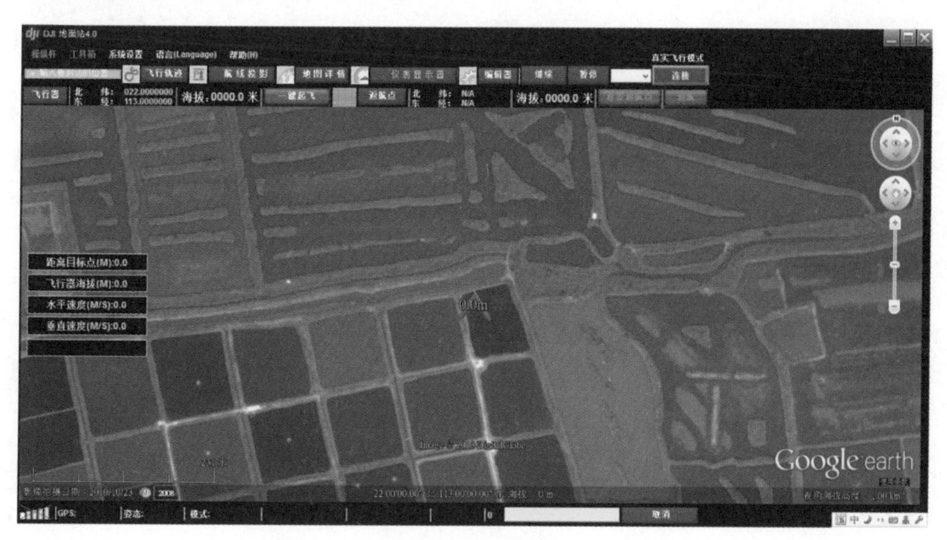

图1–36 运行界面

1.4.3.2.1　一键起飞

开启飞控，将真机放置于起飞场地，插上动力电，等到在正常连接到无人机并且GPS信号良好的情况下。

（1）编辑一个（起飞）航路点（注意经纬度及海拔高度）（见图1–37）。

图1–37　编辑航路点

（2）完成后将航路点上传至无人机（注意在上传时，由于GPS信号存在误差，谨慎核对经纬高度信息）（见图1–38）。

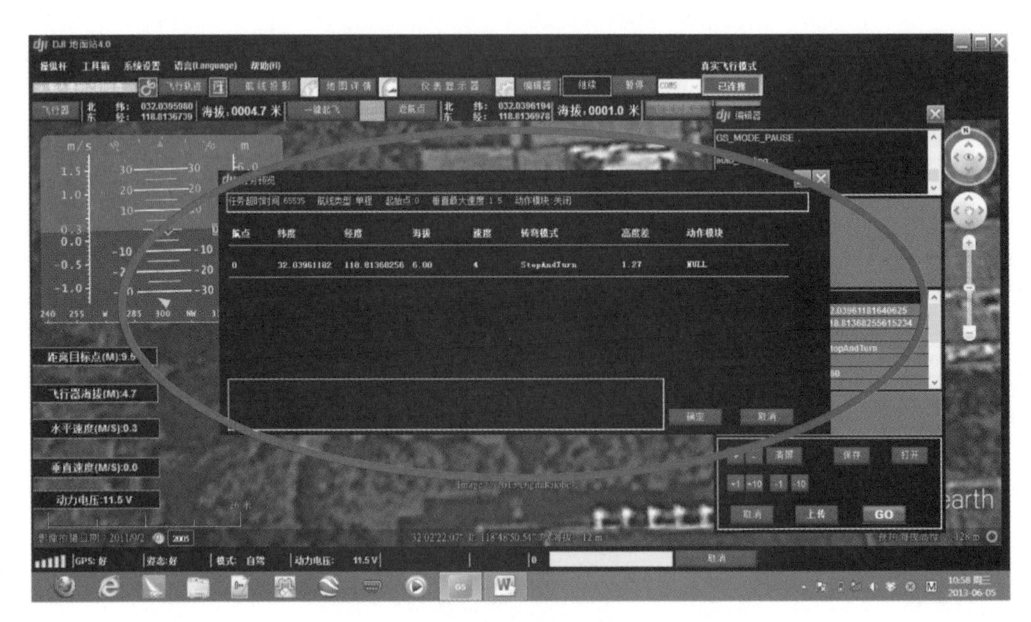

图1–38　上传至无人机

（3）完成后，点击“一键起飞”（见图1–39）。

图1–39　一键起飞

（4）屏幕显示“飞行器正在自主起飞！”后，当前无人机起动螺旋桨，并开始低速转动。此时，点击“编辑器”中的“GO”按键（见图1–40）。

（5）无人机将按照设定的高度进行起飞，并显示“飞行器正在自主起飞！”（见图1–41）。

（6）到达预定高度后，即完成自主起飞任务。

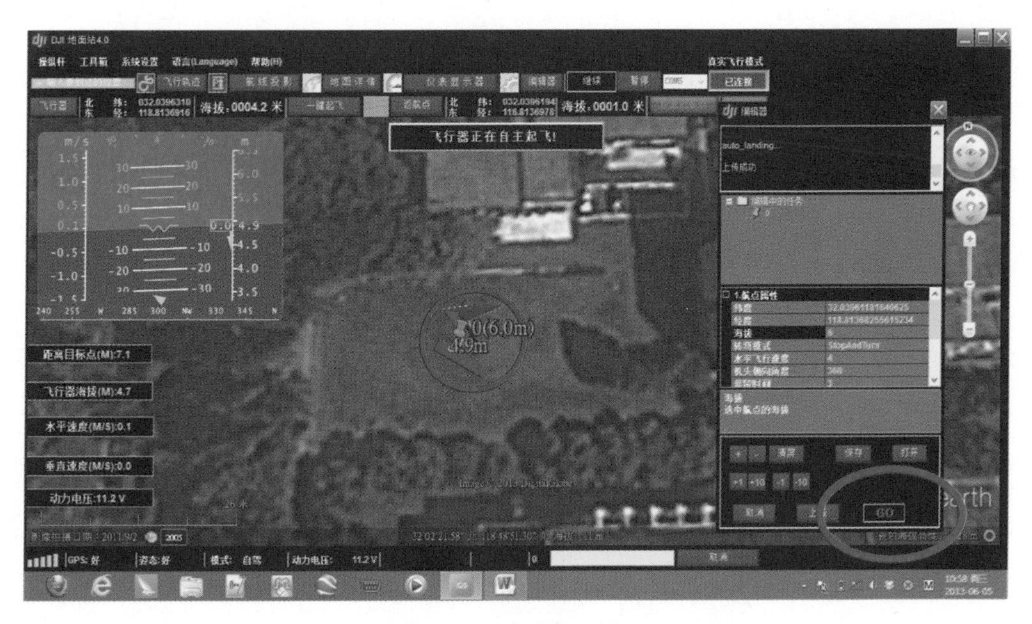

图1–40　自主起飞GO

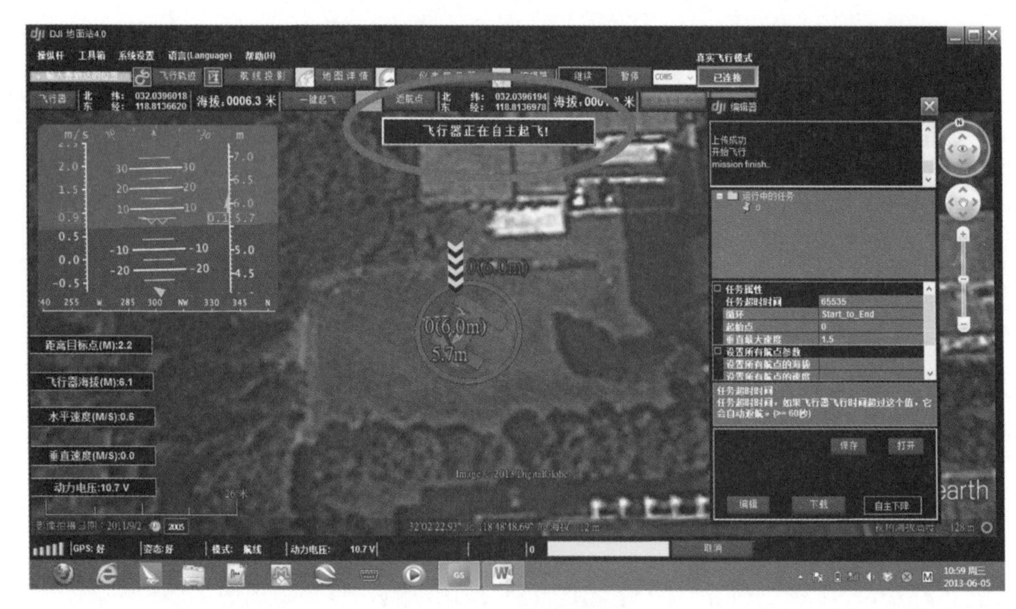

图1–41　自主起飞状态

1.4.3.2.2　自主降落

（1）在无人机飞行过程中，“自主下降”将无法点击。此时，点击“暂停”，屏幕中右上角将显示“遥控器与键盘操作”的图示（见图1–42）。

（2）点击“键盘”后，屏幕中将出现键盘的控制量图标，同时“自主下降”变为可点（见图1–43）。

（3）点击“自主下降”后，屏幕将显示“飞行器正在自主下降！”，此时无人机将缓缓下降至地面。（如果发现无人机没有动作，此时再次点击“自主下降”重

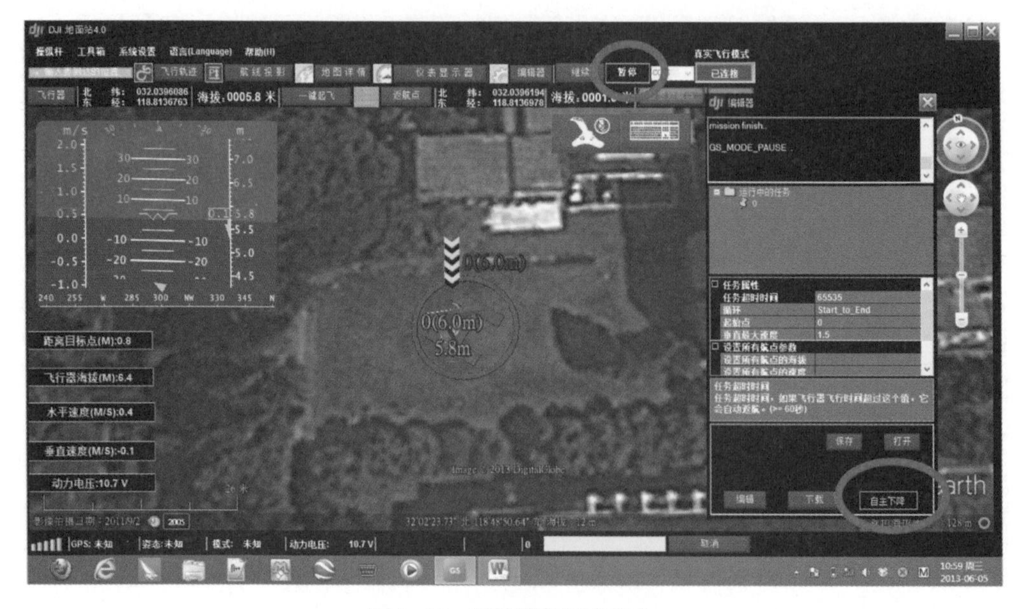

图1–42　遥控器与键盘操作

图1-43　自主下降状态

试）（见图1-44）。

（4）降落后，遥控器到其他模式，完成自主降落任务。

1.4.3.2.3　一键返航

（1）点击“设置返航点”对返航点进行设置，此时屏幕右下角出现“返航点设置对话框”注意经纬度与海拔高度设置（见图1-45）。

（2）设置完成后，可以点击“返航”，此时无人机将完成返航动作（见图1-46）。

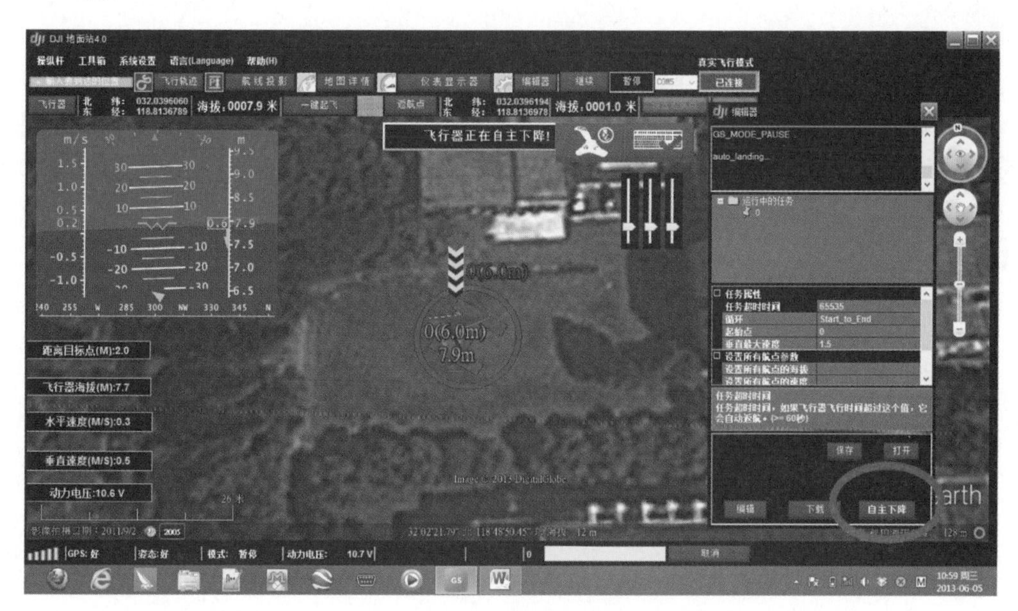

图1-44　自主下降

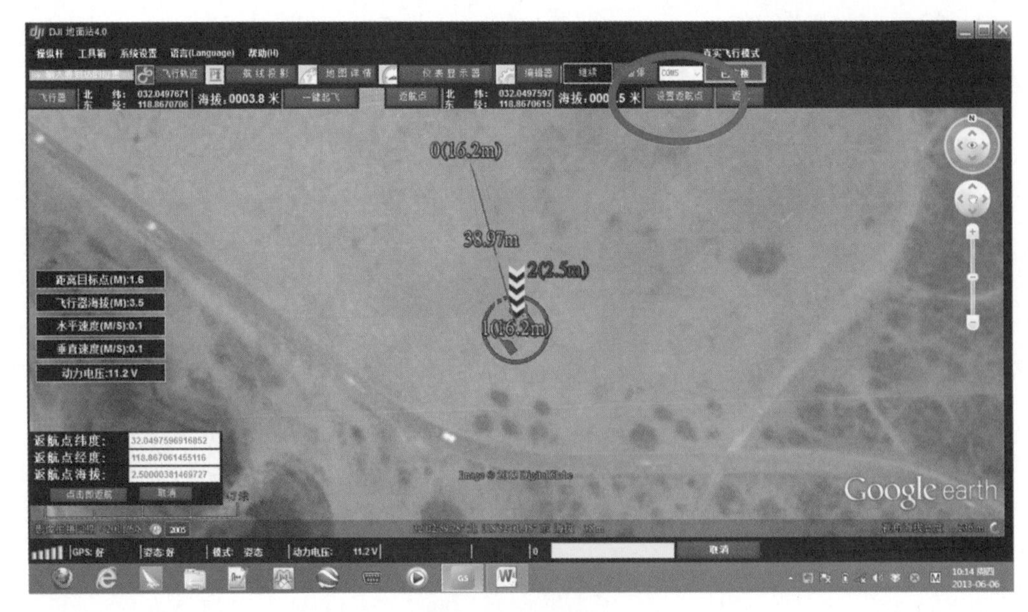

图1–45　设置返航

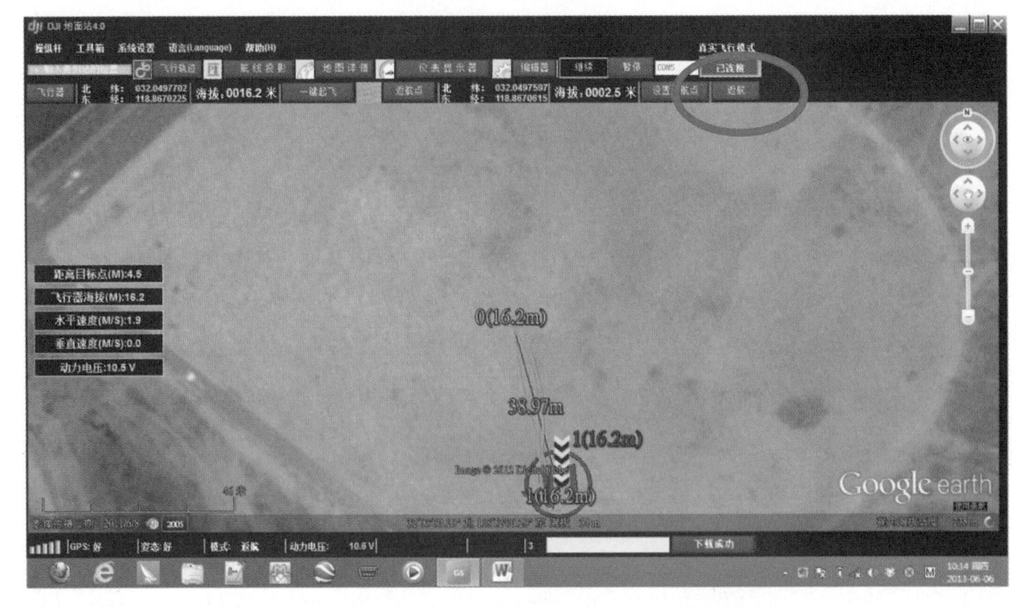

图1–46　返航

1.4.3.2.4　航路规划飞行

（1）点击“编辑器”，屏幕将出现飞行路径的编辑对话框，点击“+”，可以添加航路点，此时，点击屏幕，即可添加一个航路点，并选中此航路点，对其进行设置相关参数（视情况，一般只须设置高度适当即可）（见图1–47）。

（2）完成编辑后，点击“上传”，屏幕将出现航路点信息，核对相关经纬度等信息，防止出现飞出视线情况，确认无误后，点击“确定”，将上传数据（见图1–48）。

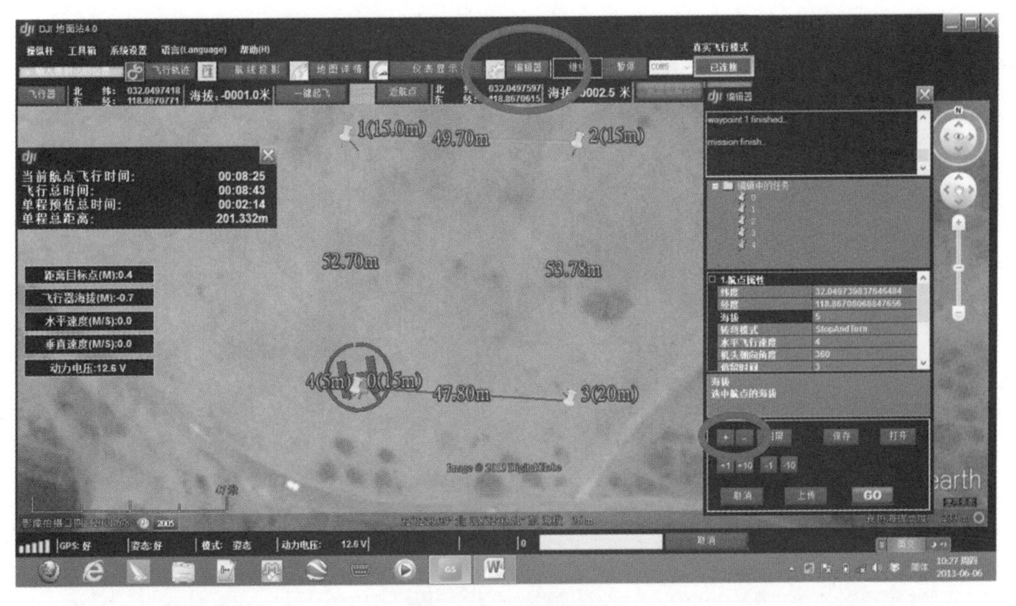

图1-47 添加航路

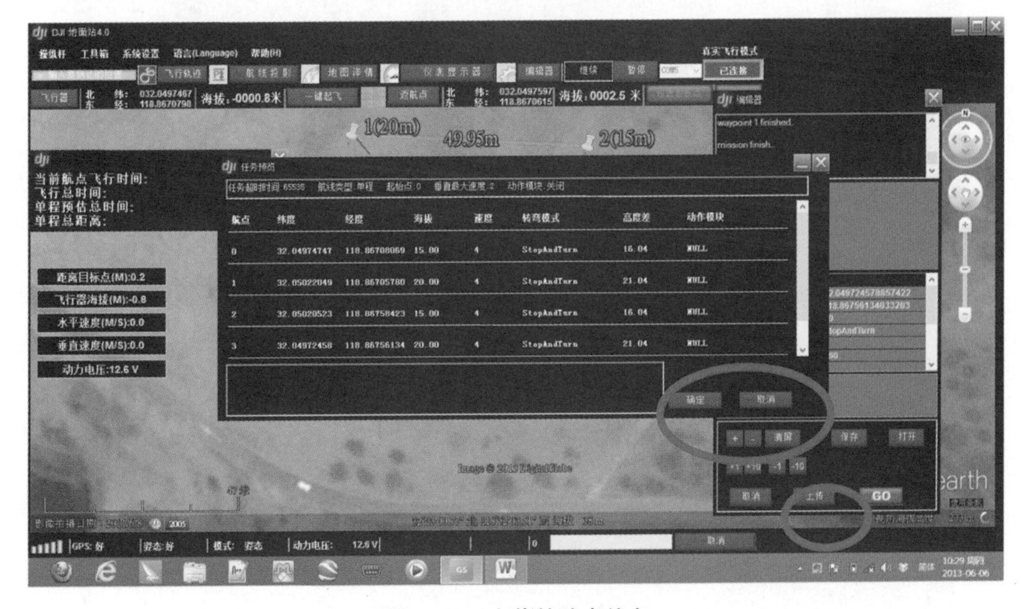

图1-48 上传航路点信息

（3）编辑对话框显示上传成功后，点击“GO”，即开始航路飞行，若在此过程中需要暂停，则点击“暂停”键（此时可以点击“返航”进行操作）（见图1–49）。

（4）当完成航路飞行时，系统将显示“mission finish”（见图1–50）。

1.4.3.3 实际地面站操作考核

设定期望轨迹为边长20m的正方形，从一个角起飞，巡线一周后，自主降落，考察操作熟练程度和任务完成程度。

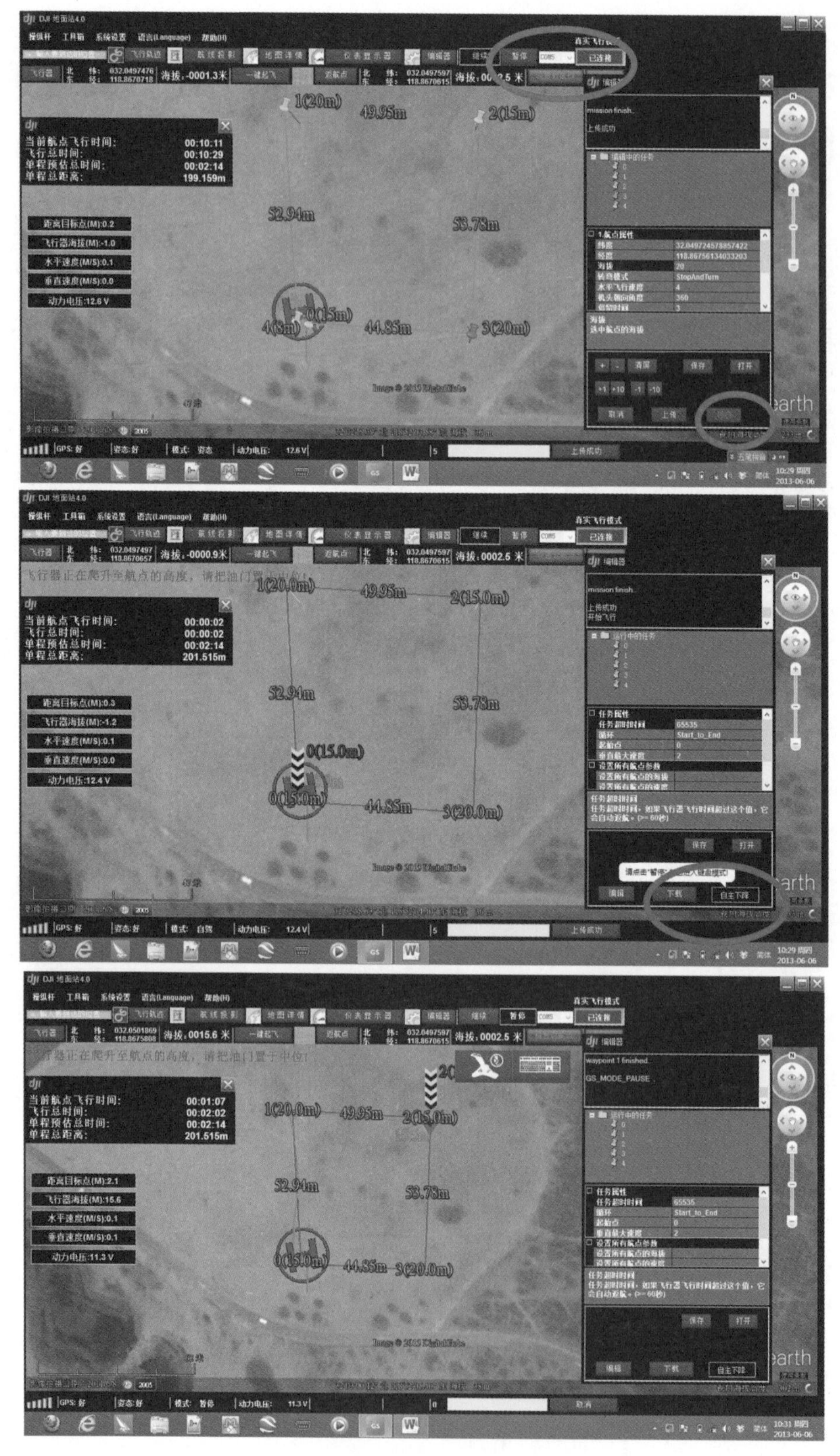

DJI 地面站4.0
当前航点飞行时间:
飞行总时间:
单程预估总时间:
单程总距离:
00:10:11
00:10:29
00:02:14
199.159m
1(20m)
49.95m
2(15m)
52.94m
53.78m
44.85m
3(20m)
4(8m)
0(15m)
mission finish
上传成功
飞行器正在爬升至航点的高度，请把油门置于中位！
00:00:02
00:00:02
00:02:14
201.515m
1(20.0m)
2(15.0m)
0(15.0m)
3(20.0m)
开始飞行
00:01:07
00:02:02
00:02:14
201.515m
waypoint 1 finished
GS_MODE_PAUSE
earth

图1-49　飞行过程中

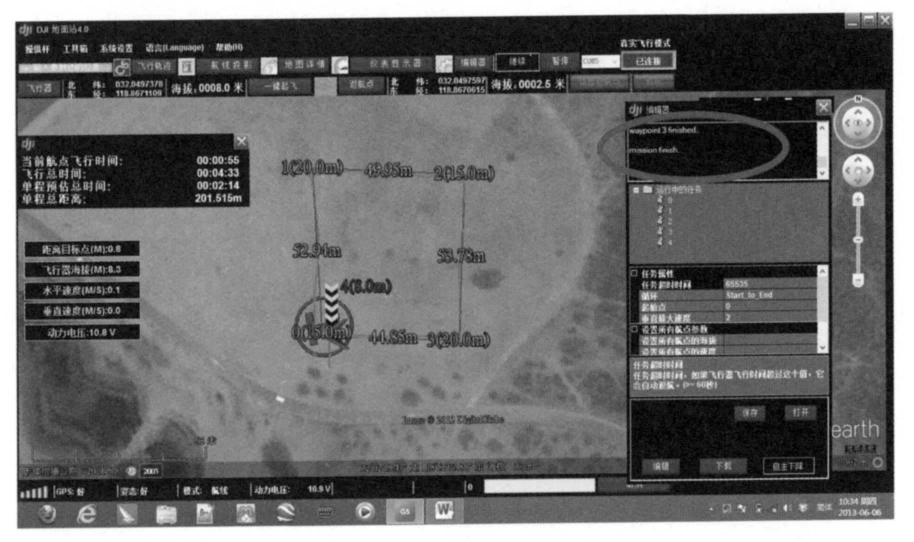

图1–50　任务结束界面

1.4.3.4　任务设备操作练习

1.4.3.4.1　影像采集设备操作练习

1. 设备说明

多旋翼无人机通过云台携带影像采集设备，并在飞行过程中，对云台和影像采集设备加以控制，以实现电力巡检等功能。

（1）云台操作。一般来说，所用云台自带增稳效果，即操纵者不实施控制时，云台可以通过自身调节，来减弱飞机振动对自身稳定度的影响。当操纵人员对云台实施控制时，可以通过云台专用遥控器的1通道（横滚通道）与3通道（油门通道），控制云台分别作滚转与俯仰运动，从而达到控制影响采集设备镜头的目的。

（2）影像采集设备操作。根据影像设备的不同，可大致分为微单与卡片机两类。

1）微单一类的影像采集设备，可以通过红外遥控器实现拍照功能。在拍照或者摄像之前，需要手动开机，并调节到相应的模式。

2）卡片机（同红外成像仪）一类的影像采集设备，可以通过遥控器实现镜头缩放、拍照以及录像的功能。

（3）镜头缩放：通过调节SB通道可实现卡片机镜头的放大与缩小。

（4）拍照与摄像：通过拨动遥控器SC通道的三位开关加以控制。操控者手执遥控器时，三位开关初始位置应置上，由上向下拨动三位开关至中，此时云台相机处于对焦中，然后再向下拨动后迅速回上，可以实现单张拍摄照片的功能，若将三位开关拨至下后，不拨回，则云台相机处于连拍模式。通过拨动遥控器SH通道的两位复位开关，可以实现摄像功能，拨一次开始录像，再拨一次停止录像。

注：在操作镜头缩放SB通道时，拍照通道SC必须拨至最上，否则镜头缩放SB通道失效。

2.采集影像操作注意事项

在执行电力巡检任务过程中，需要对电力线路上的缺陷和隐患（如导线异物、绝缘子缺失等）进行影像采集，并得到准确清晰的影像资料。注意如下事项：

（1）务必先调节云台，使得所拍缺陷在镜头视野内，然后再调节焦距，得到更清晰的照片。

（2）务必适量调节焦距，焦距太小会使得所拍缺陷在照片中的细节特征不明显；焦距太大会使得所拍缺陷在照片中模糊不清。

（3）由于空中阵风的影响，镜头会发生颤动，请待飞行器稳定之后再进行拍照。

1.4.3.4.2　监控设备操作练习

监控设备整合在地面站中，需要查看时，打开地面站中的软件即可查看机载视频。

接通各部件电源后，若飞行器端有图像数据发送出来，即可通过地面站远程获知影像采集设备镜头内容，并可通过操纵云台和影像采集设备，得到电力线路上的缺陷和隐患的清晰影像资料。

1.4.3.4.3　实际云台操作考核

对上述过程进行模拟，以得到设定目标点的清晰图像，考察操作熟练程度与合理性。

第2章　电力巡检任务流程

2.1　手动精细化巡检

2.1.1　准备阶段

2.1.1.1　作业前准备

作业人员在作业前需要根据已有的线路台账资料制定出工作相关的任务表格并导入无人机巡检管控平台。作业前应编制无人机精细化巡检作业工作任务单。然后由工作班成员填写设备领取申请表，领取本次无人机精细化巡检所用无人机及电池和其他设备。工作负责人在出发前应当检查领取的设备是否齐全，并对所有设备进行详细检查，确保设备完好可用，如若设备有问题无法正常使用，应到仓库管理员处登记并进行更换。到达现场后应使用风速仪，测得当地实际风速，若风速小于10.7m/s才可以起飞。无人机起飞前应进行作业清场，相关作业人员距离飞行器起飞点5m以外。

2.1.1.2　人员标准

作业人员应熟悉Q/GDW 1799.2—2013《国家电网公司电力安全工作规程 线路部分》（简称《安规》）和《架空输电线路无人机巡检作业安全工作规程》，并经考核合格。工作人员着装符合《安规》要求，精神状态良好。操作无人机的工作人员应持有中国民用航空局颁发的无人机驾驶执照。

2.1.1.3　工器具及材料

工器具及材料见表2–1。

表2–1　　工器具及材料

序号	名　称	单　位	数　量	备　注
1	无人机	台	1	根据作业类型领用
2	手机终端PDA	台	1	
3	电池	块	—	根据实际按需领用

续表

序号	名　称	单　位	数　量	备　注
4	风速计	台	1	
5	湿度计	台	1	
6	1m×1m垫子	块	1	

2.1.1.4　危险点及控制措施

（1）无人机装车后应安装固定卡扣，确保在运输过程中有柔性保护装置，设备不跑位，固定牢靠。在徒步运输过程中保证飞行器的运输舒适性，设备固定牢靠，设备运输装置有防摔、防潮、防水、耐高温等特性。

（2）作业人员应在无人机起飞、降落区域装设围栏，对过往行人、机动车等进行提醒，防止碰撞无人机。

（3）飞行前作业人员应认真对飞行器机体进行检查，确认各部件无损坏、松动。

（4）作业人员应严格按照无人机操作规程进行操作，两名操作人员应互为监督，飞机起降时，15m范围内严禁站作业无关人员。

（5）无人机需按规划好的航线飞行，无人机与作业目标保持一定的安全距离。

（6）作业人员在开展飞行前检查时应对各种失控保护进行检验，确保因通信中断等原因引起的无人机失控时保护有效，在飞机数传中断后立即记录时间。

（7）工作负责人应时刻注意观察风向、风速、湿度变化，对风向、风速、雨雪情况作出分析并预警。

（8）在冬天进行无人机巡检时应注意给电池保温，作业前应热机。

（9）工作负责人在作业前应对作业人员进行情绪检查，确保无负面情绪。

2.1.1.5　其他注意事项

现场人员必须戴好安全帽，穿工作服，在飞行前8h不得饮酒。作业人员严禁在各类禁飞区飞行（机场、军事区）。严禁直接徒手接机起飞、降落。对于220kV及以下电压等级线路，飞行器应与带电体保持3m以上安全距离。对于500kV电压等级线路，飞行器应与带电体保持5m以上安全距离。对于远距离超视距作业，严格按照先上升至安全高度，然后下降高度靠近作业目标的作业方法。对于电池电量要做好严格控制，防止因电量不足导致的无人机坠毁。对于近距离作业（小于200m），最低返程电量为30%。对于中距离作业（大于200m，小于1000m），最低返程电量为40%。对于远距离作业（大于1000m，小于2000m），超出目前机型图传距离。

2.1.2 作业阶段

2.1.2.1 作业开始阶段

精细化飞行工作前，工作负责人应对工具材料进行清点，确保齐全后在工作任务单签字，并履行开工手续。

2.1.2.2 作业执行阶段

作业执行内容见表2-2。

表2-2 作业执行内容

序号	执行事项
1	选择起飞点，确保起飞点地面平整，下方无大型钢结构和其他强磁干扰，周围半径15m无人，上方空间足够开阔
2	铺好防尘垫，保持垫子平整
3	正确组装螺旋桨，注意螺旋桨上的桨顺序，切勿混桨使用，必须成套成对使用更换，确保桨叶无破损、无裂纹
4	正确拆除云台锁扣、镜头盖，确保相机镜头清洁无污渍
5	正确安装智能飞行电池，确保触点清洁、电池电量充足、无鼓包
6	正确安装SD卡，确保安装正确
7	正确安装智能平板手机终端并用数据线连接到遥控器
8	检查遥控器开关，将飞控切换到智能模式（P档），左右摇杆均归于中间
9	正确供电开机，确保依次打开遥控器供电，无人机供电
10	检查遥控器与无人机电池电量，确保电量可满足飞行任务
11	打开智能平板手机终端App
12	确认照片存储格式为JPEG，照片比例为4:3
13	检查指南针是否正常（指示灯：正常绿灯慢闪，不正常红黄交替）较远地区需校准指南针
14	检查SD卡正确可用，且容量满足需求
15	操作手测试云台是否能正常运转，按动快门查检是否能正常拍照，确保相机画面清晰可见
16	确保摇控器数传、图传稳定安全
17	确保GPS星数为12颗以上
18	准备起飞，确保操作人员距离无人机5m以外，使飞机平稳飞离地面约5m高度悬停，检查无人机飞行姿态是否正确
19	测量起飞点的海拔高度，对比任务规划的起飞点海拔，适当调整航高
20	根据杆塔GPS坐标一键导航至作业杆塔上方

续表

序号	执行事项
21	操作手将无人机下降至杆塔上方10m以上开始悬停，对作业目标进行准确拍摄，并记录拍摄的杆塔部位，（如A相绝缘子、面向大号侧左边）
22	无人机在杆塔顶部悬停，网格中心对准杆塔中心，对杆塔整体和拉线进行拍摄
23	调整机头方向与线路垂直，保证机体与导线的安全距离（3~5m），云台角度30°~45°对绝缘子进行拍摄
24	拍摄完杆塔一侧后，就从杆塔上方进行换侧，再一次进行上述拍摄程序
25	负责人详细填写飞行记录表
26	无人机返回降落应确保周围15m内无作业人员外其他人员
27	降落至30m高时点一键返航或手动拉回无人机
28	缓慢降低下降速度，平缓降落地面垫子上
29	依次关闭无人机供电，遥控器供电
30	取下电池，拆下无人机桨叶，正确扣好云台锁扣、镜头盖，装箱

2.1.3 完工阶段

完工阶段工作内容见表2-3。

表2-3 完工阶段工作内容

序号	内　容
1	清理精细化飞行作业现场，仔细检查是否有遗留物
2	精细化飞行工作结束后进行作业总结

2.1.4 不同塔型拍摄内容及方式

1. 直线塔型

无人机需要悬停在线路正上方10m以上及线路两侧横担5m以外进行拍摄，包括导、地线、金具、绝缘子及其他附属装置（避雷器、避雷针）等，具体拍摄内容及方式见表2-4。

（1）对于单回直线塔，猫头塔中相导线在顺线路方向拍摄，两边线在垂直线路方向拍摄。

（2）对于双回直线塔，主要是中相拍摄差别，拍摄数量上增加三相导线。

表2-4　　直线塔形精细化飞行拍摄内容、数量及方式

编号	拍摄内容	数量（张）	拍摄方式
1	铁塔顶面	1	悬停于杆塔顶10m以上，拍俯视照片
2	线路通道	—	拍摄顺序从大号侧到小号侧，对于单回路，从左到右；对于双回路，从上到下
3	导、地线及挂点	2	每根导地线不少于1张，垂直线路拍摄，视野覆盖地线挂点两侧（包含防振锤），确保插销清楚
4	绝缘子及连接金具	大于3/相	每相绝缘子最少1张以上，云台角度在45°左右为宜，时间充足可拍多张。 每相绝缘子上下挂点及金具最少1张（包含均压环）

2.耐张塔型

总体上与直线塔型拍摄相似，具体新增拍摄内容及方式见表2-5。

表2-5　　耐张塔型精细化飞行拍摄内容、数量及方式

编号	拍摄内容	数量（张）	拍摄方式
1	铁塔顶面	1	悬停于杆塔顶10m以上，拍俯视照片
2	线路通道	—	拍摄顺序从大号侧到小号侧，对于单回路，从左到右；对于双回路，从上到下
3	地线挂点	2	每根导地线不少于1张，垂直线路拍摄，视野覆盖地线挂点两侧（包含防振锤），确保插销清楚
4	耐张串及金具	6/相	每相整体耐张绝缘子串最少1张。 每相耐张绝缘子串前后挂点及金具各1张，视野覆盖挂点、金具、压接管、均压环。（垂直线路方向拍摄）
5	跳线	1/相	每相跳线1张，视野覆盖整个跳线。（垂直线路方向拍摄）
6	跳线串及金具	3/相	每相跳线绝缘子最少1张。 每相绝缘子串上下挂点及金具最少1张（包含均压环）。（垂直线路方向拍摄）

（1）对于单回耐张塔，拍完一侧后越过线路上方到线路另一侧进行拍摄，若时间等条件允许可拍摄更多角度的照片。

（2）对于双回耐张塔，主要是中相拍摄差别，拍摄数量上增加三相导线。

2.1.5 飞行总结

检查总结内容见表2-6。

表2-6 检查总结内容

序号	检查总结	
1	飞行评价	
2	存在问题及处理意见	

2.1.6 数据处理

（1）导出内存卡内拍摄的照片，并将所有照片按杆塔号进行编号归档。

（2）将图片导入缺陷分析软件并将相关缺陷进行标注。

（3）打印本次无人机精细化飞行作业的相关任务报告并归档。

2.2 通道巡检

2.2.1 现场勘查

（1）应制定无人机巡检计划，确认巡检作业任务。

（2）勘查内容应包括地形地貌、气象环境、空域条件、线路走向、通道长度、杆塔坐标、高度、塔形及其他危险点等。无人机危险点及控制措施见表2-7。

表2-7 无人机危险点及控制措施

序号	危险点分析	控制措施
1	气象条件限制	（1）在合适气象条件，风速小于5级。 （2）遇雨雪飞天气，禁止飞行
2	无人机坠落	（1）航线规划时认真复核地形、交跨、线路两侧的突出建筑物，满足无人机动力爬升要求。 （2）严格航前检查，机体各机械部件确认完好，各电池状态完好，油动型固定翼无人机的油箱密闭情况良好。 （3）操控人员持证上岗。 （4）GPS信号接收良好。

续表

序号	危险点分析	控制措施
2	无人机坠落	（5）根据现场风向、风速等情况，及时调整起飞方向，降落伞开点，必要时选择手动开伞降落。 （6）根据地面站软件实时监测电压状态
3	无人机触碰线路本体	（1）严禁在杆塔正上方飞行。应位于被巡线路的侧上方飞行。 （2）飞行高度要求：距杆塔顶面的垂直距离大于100m
4	其他	（1）无人机操作应由专业人员担任。无人机操纵人员需经过培训和考核合格并经公司主管领导批准。 （2）飞行操作现场必须设立相关安全警示标注。严禁无关人员参观及逗留。 （3）现场监护人对操作人员及无人机飞行状态进行认真监护，及时制止并纠正不安全的行为

（3）根据现场地形条件合理选择和布置起降点。

（4）填写《无人机通道巡检作业现场勘察记录》，参见附件1。

2.2.2 航线规划

（1）作业前应根据实际需要，向线路所在区域的空管部门履行空域审批手续。

（2）巡检人员根据详细收集的线路坐标、杆塔高度、塔形、通道长度等技术参数，下载、更新巡检区域地图，结合现场勘查所采集的资料，针对巡检内容合理制定飞行计划，确定巡检区域、起降位置、方式及安全策略，并对飞行作业中需规避的区域进行标注。

（3）航线规划应避开军事禁区、空中危险区域，远离人口稠密区、重要建筑和设施、通信阻隔区、无线电干扰区、大风或切变风多发区，尽量避免沿高速公路和铁路飞行。

（4）应根据巡检线路的杆塔坐标、塔高等技术参数，结合线路途经区域地图和现场勘查情况绘制航线，制定巡检方式、起降位置及安全策略。

（5）首次飞行的航线应适当增加净空距离，确保安全后方可按照正常巡检距离。

（6）线路转角角度较大，宜采用内切过弯的飞行模式；相邻杆塔高程相差较大时，宜采取直线逐渐爬升或盘旋爬升的方式飞行，不应急速升降。

（7）进行相同作业时，应在保障安全的前提下，优先调用历史航线。

2.2.3 现场作业

2.2.3.1 巡检设备领用

应根据不同的作业任务领取相应的无人机巡检系统，填写出入库单（参见附件5），并对所有设备进行检查确认状态良好。

2.2.3.2 工器具准备

（1）巡检单位应在作业前准备好现场作业工器具以及备品备件等物资，完成无人机巡检系统检查，确保各部件工作正常，领取使用含有无人机机身险及第三者责任险的无人机系统，杜绝使用无保险的无人机系统，提前安排好车辆。

（2）出发前，工作负责人应仔细核对所需电量是否充足，各零部件、工器具及保障设备是否携带齐全，检查无误并签名确认后方可前往作业现场。

2.2.3.3 作业前准备

（1）无人机巡检作业前工作负责人应对工作单所列安全措施和工作任务进行交底，使工作组全体人员明确作业内容工作危险点、预控措施及技术措施，操作人员须熟知作业内容和作业步骤。

（2）巡检作业现场所有人员均应正确佩戴安全帽和穿戴个人防护用品，现场使用的安全工器具和防护用品应合格并符合有关要求。

（3）全体工作班成员明确工作任务、安全措施、技术措施和危险点后履行确认手续，方可开始工作。

2.2.4 起飞前准备

（1）无人机操作员观察作业区域周围地理环境、电磁环境和现场天气情况（雨水、风速、风向、雾霾等）是否达到安全飞行要求；现场负责人按照民航和空军相关管理规定，起飞前（一般为1h内）向当地航管部门报送飞行计划，并获得许可。

（2）核查本次作业任务及飞行计划，地面站操作员导入飞行航迹。

（3）基站架设应选在无高压线、视野开阔地方，并采用油漆或者钉子标记。

（4）在选定的起降场地，展开固定翼无人机巡检系统。

（5）地面站准备。摆放地面站硬件至固定位置，启动地面站电源，使地面站开始进行定位。如地面站需要外挂电池进行工作，那么此时即应该使用外置电源线连接外挂电池进行工作。注意地面站需放置在稳定、不易被扰动的位置，架设高度尽量高于2m，并距离大的金属反射面（如汽车、铁皮房等）10m以上。

（6）飞机的组装。打开飞机箱体，组装好飞机。组装完成后，进行飞机机械结构检查。确认飞机结构无问题；电机座、桨叶无松动。

（7）安装电池。安装飞机所需的电池（主电源/前拉动力电池、悬停动力电池）。适当调整电池位置，确认两根扎带将电池固定紧固，并确定飞机的重心正确（位于机翼顶部舱盖的前缘往后3cm附近。）。

（8）作业人员逐项开展设备、系统自检、航线核查，确保无人机处于适航状态，并填写《无人机作业安全检查工作单》，参见附件3。

2.2.5 起飞

（1）现场负责人确认现场人员撤离至安全范围后，地勤人员启动发动机，并检查无人机系统工作状态。

（2）执行起飞。现场负责人确认无人机系统状态正常后，下达起飞命令，机长操控无人机起飞。

（3）进入巡航阶段。当飞机按预定计划飞行，离开本场上空，进入作业航线开始巡航后，飞行操控手可以关闭遥控器。

（4）起飞后进行试飞，地面站操作员应始终注意监控地面站，并密切观察无人机飞行状况，包括飞行巡检过程中无人机发动机或电机转速、电池电压、航向、飞行姿态等遥测参数、数据链情况。无人机操作员应注意观察无人机实际飞行状态，必要时进行人工干预，并协助观察图传信息、记录观测数据。综合评估飞行状态，异常情况下应及时响应，合理做出决策，必要时采取返航、迫降等中止飞行措施，并做好飞行的异常情况记录。

2.2.6 返航降落

（1）提前做好降落场地清理工作，确保其满足降落条件。降落时，人员与无人机应保持足够的安全距离。

（2）无人机降落前，无人机操作人员应根据风速、风向确定降落方向。

（3）降落期间，地面站操作员应时刻监控回传数据，及时通报无人机飞行高度、速度和电压等技术参数；地面站操作员应密切关注无人机飞行姿态，做好突然和紧急情况下应急准备。

2.2.7 飞行后检查及撤收

（1）作业结束后，及时向空管部门汇报，履行工作终结手续。

（2）降落后，检查无人机及机载设备是否正常，恢复储运状态并填写无人机现场作业记录表。

（3）作业人员从巡检设备中导出原始采集数据，初步检查是否合格，若不满足巡线作业要求，需根据实际情况确定是否复飞。

（4）人员撤离前，应清理现场，核对设备和工器具清单，确认现场无遗漏。

2.3 自主精细化巡检

2.3.1 作业前准备

2.3.1.1 明确工作任务

作业前，作业人员应明确巡检任务内容、任务区段、作业时间等，确认作业范围地形地貌、交叉跨越情况、气象条件、许可空域、现场环境以及无人机巡检系统状态等满足安全作业要求。

作业人员应明确无人机自主精细化巡检作业流程（参见附件1），掌握无人机自主巡检总体架构（参见附件2），并根据巡检线路情况合理制定巡检计划。

2.3.1.2 航线规划

根据任务要求，将高精度的输电线路三维激光点云数据和线路坐标导入航线规划系统，航线规划系统会根据无人机飞行能力、作业特点、飞行安全、作业效率、起降条件、相机焦距、安全距离、巡查部件大小、云台角度、机头朝向等信息进行航线规划，生成高精度地理坐标的三维航线。航线规划完成后需经作业人员检查通过后，方可执行。

2.3.1.3 空域申请

（1）无人机巡检作业应严格按国家相关政策法规、当地民航军管等要求规范化使用空域。

（2）工作任务签发前应确认飞行作业区域是否处于空中管制区：未经空中交通管制批准，不得在管制空域内飞行。

（3）作业执行单位应根据无人机巡检作业计划，按相关要求办理空域审批手续，并密切跟踪当地空域变化情况。

（4）实际飞行巡检范围不应超过批复的空域。

2.3.1.4 设备准备

1.巡检设备领用

应根据不同的作业任务领取相应的无人机巡检系统，填写出入库单（参见附件5），并对所有设备进行检查确认状态良好。

2.工器具准备

（1）巡检单位应在作业前准备好现场作业工器具以及备品备件等物资，完成无人机巡检系统检查，确保各部件工作正常，领取使用含有无人机机身险及第三者责任险的无人机系统，杜绝使用无保险的无人机系统，提前安排好车辆。

（2）出发前，工作负责人应仔细核对所需电量是否充足，各零部件、工器具及保障设备是否携带齐全，检查无误并签名确认后方可前往作业现场。

2.3.2 现场作业

2.3.2.1 工作任务交底

（1）无人机巡检作业前工作负责人应对工作单所列安全措施和工作任务进行交底，使工作组全体人员明确作业内容工作危险点、预控措施及技术措施，操作人员须熟知作业内容和作业步骤。

（2）巡检作业现场所有人员均应正确佩戴安全帽和穿戴个人防护用品，现场使用的安全工器具和防护用品应合格并符合有关要求。

（3）全体工作班成员明确工作任务、安全措施、技术措施和危险点后履行确认手续，方可开始工作。

2.3.2.2 现场环境检查

人员到达作业现场后首先判断作业现场环境是否符合作业需求，如遇雨、雪、大风（风力大于5级）天气禁止飞行。其具体步骤如下。

（1）使用测频仪检查起降点四周是否存在同频率信号干扰。

（2）使用风速仪检查风速是否超过限值。

（3）使用气温仪对环境气温进行检测，气温范围不得超过无人机说明书中规定的温度范围。

2.3.2.3 填写工作单

作业前，需填写架空输电线路无人机巡检作业工作单（参见附件3）。

工作单的使用应满足下列要求：

（1）一张工作单只能使用一种型号的无人机巡检系统。使用不同型号的无人机巡检系统进行作业，应分别填写工作单。

（2）一个工作负责人不能同时执行多张工作单。在巡检作业工作期间，工作单应始终保留在工作负责人手中。

（3）对多个巡检飞行架次，但作业类型相同的连续工作，可共用一张工作单。

2.3.2.4　起飞前准备

1. 起飞点选择

根据杆塔所处的地形地貌，选择适宜的起降点。起降点与被巡检杆塔间宜保持通视且直线距离不大于500m。操作人员应与起降点保持足够的安全距离。

2. 设置围栏和功能区

在起飞点设置安全围栏和功能区。功能区包括地面站操作区，无人机起飞降落区，工器具摆放区等，各功能区应有明显区分。将无人机巡检系统从机箱中取出，放置在各对应的功能区，起飞区域内禁止行人和其他无关人员逗留。

3. 组装无人机

严格按照无人机说明书要求组装无人机，确保每个部件连接可靠，转动部件灵活可靠。不允许电池正负极错接，接触应保证良好。

4. 导入三维航线

将三维航线导入无人机自动驾驶系统，并进行模拟飞行安全检查。

5. 飞机状态检查

（1）开启遥控器电源，接通主控电源，操控手拨动遥控器模式开关检查飞行模式（手动、增稳和GPS模式，视飞机型号为准）切换是否正常，检查完成后接通动力电源。

（2）待遥控器与飞机完成匹配后，按地面站提示依次检查电池电量、卫星颗数、磁力计、气压计、返航点、返航高度等。

（3）对任务载荷进行检查，操纵云台查看姿态是否正常，图像拍摄、传输情况是否正常。

（4）依据无人机飞前检查单（参见附件6）做好检查，履行签字确认手续。

2.3.3　巡检作业

2.3.3.1　无人机起飞

（1）应确认当地气象条件是否满足所用无人机巡检系统起飞、飞行和降落的技术指标要求；掌握航线所经地区气象条件，判断是否对无人机巡检系统的安全飞行构成威胁。若不满足要求或存在较大安全风险，工作负责人可根据情况间断工作、临时中断工作或终结本次工作。

（2）每次起飞前，应对无人机巡检系统的动力系统、导航定位系统、飞控系统、通信链路、任务系统等进行检查。当发现任一系统出现不适航状态，应认真排查原因、修复，确认机体无异常、遥控界面的上行、下行数据无异常，安全可靠后方可起飞。

2.3.3.2 巡检飞行

（1）在无人机自主飞行全过程中，操作人员应密切关注遥测参数，随时了解无人机在空中的状态，综合评估无人机所处的气象和电磁环境，一旦遇到险情应及时规避，必要时工作负责人有权紧急中止飞行巡检任务。并在飞行作业完成后将所有异常情况记录并报告上级。

（2）在无人机自主飞行全过程中，操作人员应负责通过任务载荷随时观察无人机周边的地形环境和障碍物情况。发现障碍物与飞机有靠近或触碰危险时应及时避让。

2.3.3.3 注意事项

（1）现场作业应听从工作负责人的安排，保持作业小组巡检高效有序。

（2）巡检应时刻保持无人机与线路、杆塔、树木、房屋等障碍物间的安全距离。

（3）巡检任务严格按照工作票计划安排执行，不得在工作任务外的线路、杆塔上进行飞行。

（4）巡检过程中应时刻注意电池电量，应保持足够的返航电量。

（5）如突遇到大风、大雨、大雾、冰雹等恶劣天气情况，应及时将无人机降落至安全位置。

2.3.4 异常情况处置

（1）无人机巡检系统在空中飞行时发生故障或遇紧急意外情况等，应尽可能控制无人机巡检系统在安全区域紧急降落。

（2）无人机巡检系统飞行时，若通信链路长时间中断，且在预计时间内仍未返航，应根据掌握的无人机巡检系统最后地理坐标位置或机载追踪器发送的报文等信息及时寻找。

（3）巡检作业区域出现雷雨、大风等可能影响作业的突变天气时，应及时评估巡检作业安全性，在确保安全后方可继续执行巡检作业，否则应采取措施控制无人机巡检系统避让、返航或就近降落。

（4）巡检作业区域出现其他飞行器或漂浮物时，应立即评估巡检作业安全性，在确保安全后方可继续执行巡检作业，否则应采取避让措施。

（5）无人机巡检系统飞行过程中，若班组成员身体出现不适或受其他干扰影响作业，应迅速采取措施保证无人机巡检系统安全，情况紧急时，可立即控制无人机巡检系统返航或就近降落。

（6）巡检作业时，如无人机发生坠机事故，应立即上报并妥善处理无人机残骸以防止次生灾害发生（飞行器残骸务必寻找到并带回报修处理）。

（7）无人机巡检系统发生坠机等故障或事故时，应妥善处理次生灾害并立即上报，及时进行民事协调，做好舆情监控。

（8）无人机设备异常（包括通信中断）或失控导致坠落，应做好事故分析报修处理并走保险赔保流程。无人机因临时故障无法完成任务时，则应更换备用飞机，以保证巡检任务的正常进行。

2.3.5 作业内容

2.3.5.1 巡视内容

精细化巡检：采用无人机对杆塔重点检测部位进行拍摄提取图像数据进行缺陷分析。

（1）巡检主要对输电线路杆塔、导地线、绝缘子串、金具、通道环境、基础、接地装置、附属设施等进行检查；巡检时根据线路运行情况和检查要求，选择性搭载相应的检测设备进行可见光巡检、红外巡检项目。巡检项目可以单独进行，也可以根据需要组合进行。

（2）可见光巡检主要检查内容：导、地线（光缆）、绝缘子、金具、杆塔、基础、附属设施、通道走廊等外部可见异常情况和缺陷。

（3）红外巡检主要检查内容（见表2–8）：导线接续管、耐张管、跳线线夹及绝缘子等相关发热异常情况。

表2–8 可见光检测和红外线检测内容

分类	设备	可见光检测	红外线检测
线路本体	导、地线	散股、断股、损伤、断线、放电烧伤、悬挂漂浮物、弧垂过大或过小、严重锈蚀、有电晕现象、导线缠绕（混线）、覆冰、舞动、风偏过大、对交叉跨越物距离不足等	发热点、放电点
	杆塔	杆塔倾斜、塔材弯曲、地线支架变形、塔材丢失、螺栓丢失、严重锈蚀、脚钉缺失、爬梯变形、土埋塔脚等	—
	金具	线夹断裂、裂纹、磨损、销钉脱落或严重锈蚀；均压环、屏蔽环烧伤、螺栓松动；防振锤跑位、脱落、严重锈蚀、阻尼线变形、烧伤；间隔棒松脱、变形或离位；各种连板、连接环、调整板损伤、裂纹等	连接点、放电点发热

续表

分类	设备	可见光检测	红外线检测
线路本体	绝缘子	绝缘子自爆、伞裙破损、严重污秽、有放电痕迹、弹簧销缺损、钢帽裂纹、断裂、钢脚严重锈蚀或蚀损等	击穿发热
	其他	设备损坏情况	发热点
附属设施	防鸟、防雷等装置	破损、变形、松脱等	—
	各种监测装置	缺失、损坏等	—
	光缆	损坏、断裂、驰度变化等	—
线路通道情况		植被生长情况、违章建筑、地质灾害等	山火火源点

2.3.5.2 巡视步骤

输电线路无人机巡检现场作业人员应严格按照《架空输电线路无人机巡检作业安全规程》等标准的要求，明确巡检方法和巡检内容，认真开展巡检作业。

最新精细化巡检规范见《国家电网公司架空输电线路无人机巡检影像拍摄指导手册完整版》，几个常见塔型巡检部位如下：

（1）交流单回直线塔巡检部位见图2-1，巡检内容及拍摄照片数量见表2-9。

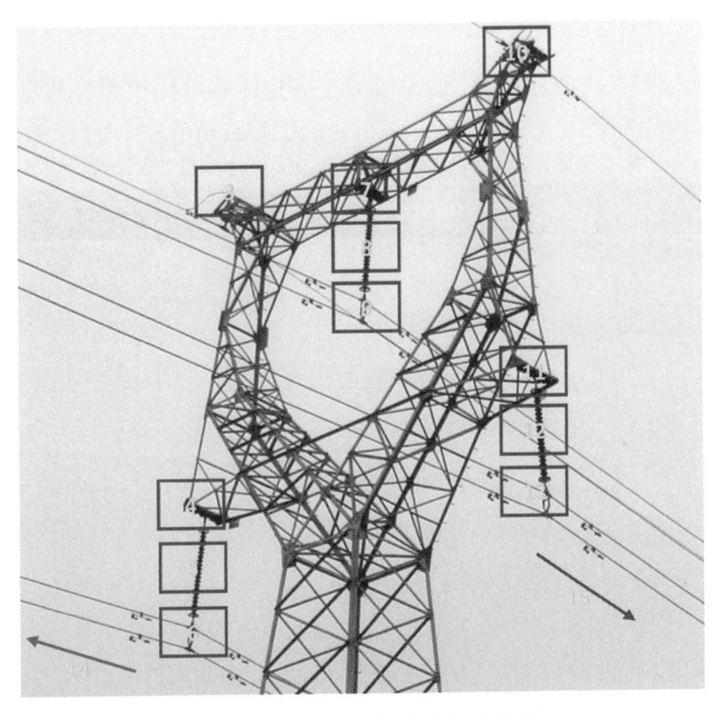

图2-1 交流单回直线塔巡检部位

表2-9　　交流单回直线塔巡检内容及拍摄照片数量

编号	项目名称	照片数量（张）
1	全塔/塔头	1
2	基础全貌	1
3	左侧地线挂点	1
4	左相绝缘子杆塔挂点	1
5	左相绝缘子串	1
6	左相绝缘子导线挂点	2
7	中相绝缘子杆塔挂点	1
8	中相绝缘子串	1
9	中相绝缘子导线挂点	2
10	右侧地线挂点	1
11	右相绝缘子杆塔挂点	1
12	右相绝缘子串	1
13	右相绝缘子导线挂点	2
14	大号侧通道（下横担以下）	1
15	小号侧通道（下横担以下）	1

（2）交流双回直线塔巡检部位见图2-2，巡检内容及拍摄照片数量见表2-10。

表2-10　　交流双回直线塔巡检内容及拍摄照片数量

编号	项目名称	照片数量（张）
1	全塔/塔头	1
2	基础全貌	1
3	左侧地线挂点	1
4	左回路上相绝缘子杆塔挂点	1
5	左回路上相绝缘子串	1
6	左回路上相绝缘子导线挂点	2
7	左回路中相绝缘子杆塔挂点	1
8	左回路中相绝缘子串	1
9	左回路中相绝缘子导线挂点	2

图2-2　交流双回直线塔巡检部位

续表

编号	项目名称	照片数量（张）
10	左回路下相绝缘子杆塔挂点	1
11	左回路下相绝缘子串	1
12	左回路下相绝缘子导线挂点	2
13	右侧地线挂点	1
14	右回路上相绝缘子杆塔挂点	1
15	右回路上相绝缘子串	1
16	右回路上相绝缘子导线挂点	2
17	右回路中相绝缘子杆塔挂点	1
18	右回路中相绝缘子串	1
19	右回路中相绝缘子导线挂点	2
20	右回路下相绝缘子杆塔挂点	1

续表

编号	项目名称	照片数量（张）
21	右回路下相绝缘子串	1
22	右回路下相绝缘子导线挂点	2
23	大号侧通道（下横担以下）	1
24	小号侧通道（下横担以下）	1

（3）交流单回耐张塔巡检部位见图2–3，巡检内容及拍摄照片数量见表2–11。

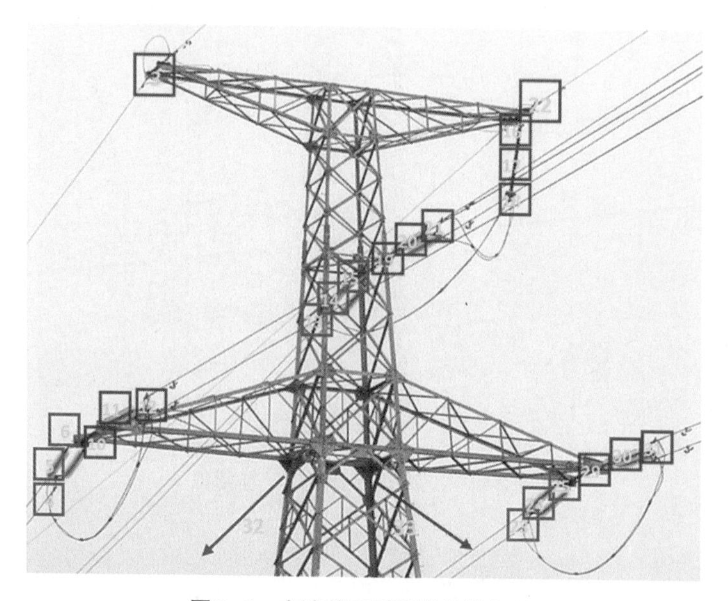

图2–3　交流单回耐张塔巡检部位

表2–11　交流单回耐张塔巡检内容及拍摄照片数量

编号	项目名称	照片数量（张）
1	全塔/塔头	1
2	基础全貌	1
3	左侧地线（大小号侧各一张）	2
4	左相大号侧绝缘子串导线挂点	2
5	左相大号侧绝缘子串	1
6	左相大号侧绝缘子串杆塔挂点	1
7	左相跳线串杆塔挂点	1

续表

编号	项目名称	照片数量（张）
8	左相跳线串	1
9	左相跳线串导线挂点	2
10	左相小号侧绝缘子串杆塔挂点	1
11	左相小号侧绝缘子串	1
12	左相小号侧绝缘子串导线挂点	2
13	中相大号侧绝缘子串导线挂点	2
14	中相大号侧绝缘子串	1
15	中相大号侧绝缘子串杆塔挂点	1
16	中相跳线串杆塔挂点	1
17	中相跳线串	1
18	中相跳线串导线挂点	2
19	中相小号侧绝缘子串杆塔挂点	1
20	中相小号侧绝缘子串	1
21	中相小号侧绝缘子串导线挂点	2
22	右侧地线（大小号侧各一张）	2
23	右相大号侧绝缘子串导线挂点	2
24	右相大号侧绝缘子串	1
25	右相大号侧绝缘子串杆塔挂点	1
26	右相跳线串杆塔挂点	1
27	右相跳线串	1
28	右相跳线串导线挂点	1
29	右相小号侧绝缘子串杆塔挂点	1
30	右相小号侧绝缘子串	1
31	右相小号侧绝缘子串导线挂点	2
32	大号侧通道（下横担以下）	1
33	小号侧通道（下横担以下）	1

（4）交流双回耐张塔巡检部位见图2-4，巡检内容及拍摄照片数量见表2-12。

图2-4　交流双回耐张塔巡检部位

表2-12　　交流双回耐张塔巡检内容及拍摄照片数量

编号	项目名称	照片数量（张）
1	全塔/塔头	1
2	基础全貌	1
3	左侧地线（大小号侧各一张）	2
4	左回路上相大号侧绝缘子串导线挂点	2
5	左回路上相大号侧绝缘子串	1
6	左回路上相大号侧绝缘子串杆塔挂点	1
7	左回路上相跳线串杆塔挂点	1
8	左回路上相跳线串	1
9	左回路上相跳线串导线挂点	2
10	左回路上相小号侧绝缘子串杆塔挂点	1
11	左回路上相小号侧绝缘子串	1
12	左回路上相小号侧绝缘子串导线挂点	2

续表

编号	项目名称	照片数量（张）
13	左回路中相大号侧绝缘子串导线挂点	2
14	左回路中相大号侧绝缘子串	1
15	左回路中相大号侧绝缘子串杆塔挂点	1
16	左回路中相跳线串杆塔挂点	1
17	左回路中相跳线串	1
18	左回路中相跳线串导线挂点	1
19	左回路中相小号侧绝缘子串杆塔挂点	1
20	左回路中相小号侧绝缘子串	1
21	左回路中相小号侧绝缘子串导线挂点	2
22	左回路下相大号侧绝缘子串导线挂点	2
23	左回路下相大号侧绝缘子串	1
24	左回路下相大号侧绝缘子串杆塔挂点	1
25	左回路下相跳线串杆塔挂点	1
26	左回路下相跳线串	1
27	左回路下相跳线串导线挂点	2
28	左回路下相小号侧绝缘子串杆塔挂点	1
29	左回路下相小号侧绝缘子串	1
30	左回路下相小号侧绝缘子串导线挂点	2
31	右侧地线（大小号侧各一张）	2
32	右回路上相大号侧绝缘子串导线挂点	2
33	右回路上相大号侧绝缘子串	1
34	右回路上相大号侧绝缘子串杆塔挂点	1
35	右回路上相跳线串杆塔挂点	1
36	右回路上相跳线串	1
37	右回路上相跳线串导线挂点	2

续表

编号	项目名称	照片数量（张）
38	右回路上相小号侧绝缘子串杆塔挂点	1
39	右回路上相小号侧绝缘子串	1
40	右回路上相小号侧绝缘子串导线挂点	2
41	右回路中相大号侧绝缘子串导线挂点	2
42	右回路中相大号侧绝缘子串	1
43	右回路中相大号侧绝缘子串杆塔挂点	1
44	右回路中相跳线串杆塔挂点	1
45	右回路中相跳线串	1
46	右回路中相跳线串导线挂点	2
47	右回路中相小号侧绝缘子串杆塔挂点	1
48	右回路中相小号侧绝缘子串	1
49	右回路中相小号侧绝缘子串导线挂点	2
50	右回路下相大号侧绝缘子串导线挂点	2
51	右回路下相大号侧绝缘子串	1
52	右回路下相大号侧绝缘子串杆塔挂点	1
53	右回路下相跳线串杆塔挂点	1
54	右回路下相跳线串	1
55	右回路下相跳线串导线挂点	2
56	右回路下相小号侧绝缘子串杆塔挂点	1
57	右回路下相小号侧绝缘子串	1
58	右回路下相小号侧绝缘子串导线挂点	2
59	大号侧通道	1
60	小号侧通道	1

（5）直流单回路直线塔巡检部位见图2-5，巡检内容及拍摄照片数量见表2-13。

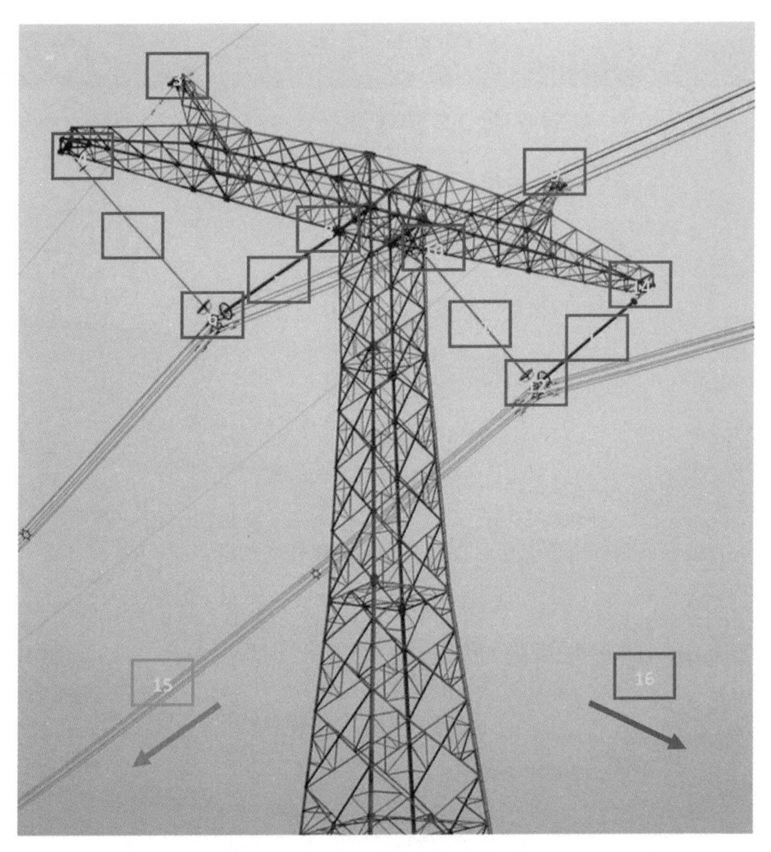

图2-5 直流单回路直线塔巡检部位

表2-13 直流单回路直线塔巡检内容及拍摄照片数量

编号	项目名称	照片数量（张）
1	全塔/塔头	1
2	塔基	1
3	左侧地线挂点	1
4	左相左侧绝缘子串杆塔挂点	1
5	左相左侧绝缘子串	1
6	左相绝缘子串导线挂点	2
7	左相右侧绝缘子串	1
8	左相右侧绝缘子串杆塔挂点	1
9	右相地线挂点	1

续表

编号	项目名称	照片数量（张）
10	右相左侧绝缘子串杆塔挂点	1
11	右相左侧绝缘子串	1
12	右相绝缘子串导线挂点	2
13	右相右侧绝缘子串杆塔挂点	1
14	右相右侧绝缘子串	1
15	大号侧通道	1
16	小号侧通道	1

注　直流直线双回路杆塔可以参照直流直线单回路杆塔拍摄。

（6）直流单回路耐张塔巡检部位见图2–6，巡检内容及拍摄照片数量见表2–14。

图2–6　直流单回路耐张塔巡检部位

表2-14　　直流单回路耐张塔巡检内容及拍摄照片数量

编号	名称	照片数量（张）
1	全塔/塔头	1
2	塔基	1
3	左侧地线挂点	2
4	左相大号侧绝缘子串导线挂点	2
5	左相大号侧绝缘子串	2
6	左相大号侧绝缘子串杆塔挂点	2
7	左相跳线串杆塔挂点	2
8	左相跳线串	2
9	左相跳线串导线挂点	2
10	左相小号侧绝缘子串杆塔挂点	2
11	左相小号侧绝缘子串	2
12	左相小号侧绝缘子串杆塔挂点	2
13	右侧地线挂点	2
14	右相大号侧绝缘子串导线挂点	2
15	右相大号侧绝缘子串	2
16	右相大号侧绝缘子串杆塔挂点	2
17	右相跳线串杆塔挂点（无跳线可不拍）	2
18	右相跳线串（无跳线可不拍）	2
19	右相跳线串导线挂点（无跳线可不拍）	2
20	右相小号侧绝缘子串杆塔挂点	2
21	右相小号侧绝缘子串	2
22	右相小号侧绝缘子串杆塔挂点	2
23	大号侧通道	1
24	小号侧通道	1

注　直流耐张双回路杆塔可以参照直流耐张单回路杆塔拍摄。

2.3.6 飞行后处理

（1）当飞机降落到地面后，油门熄火，设备断电，检查飞机各部位温度是否异常，如有异常应当立刻停止作业并进行维修；对无人机机身进行检查，查看连接部位是否紧固，对关键部位（螺旋桨、拍摄镜头）进行清洁并确认完好；检查地面站，确认其能否进行下一次飞行，如果出现异常应首先判断能否现场维修，如无法立即完成维修，应及时更换地面站设备。

（2）飞行降落完成后，清理工作地点，设备拆卸装箱、装车。应将动力电池拆卸，贮存于专用电池箱中。核对设备和工具清单，确认现场无遗漏，出发至下一个工作点。

（3）工作票任务结束后，设备入库前核对设备清单，检查设备有无缺失并填写设备入库单。

（4）无人机巡检系统应有专用库房进行存放和维护保养。

（5）无人机巡检系统所用电池应按要求进行充（放）电，确保电池性能良好。

2.4 变电站无人机巡检

2.4.1 无人机作业准备

人员准备。应根据巡检任务和所用机型合理配置人员，巡检任务需配置工作负责人（安全监护人）1名，操控手1名，设备记录员1名。

作业前应对全体人员进行安全、技术交底，交代工作内容、方法、流程及安全要求，并确认每一名人员都已知晓。

2.4.2 飞行前准备

起飞前，操作人员应逐项开展设备检查、系统自检、航线核查，确保无人机处于适航状态。

2.4.2.1 外观检查

（1）无人机表面无划痕，喷漆和涂覆应均匀；产品无针孔、凹陷、擦伤、畸变等损坏情况；金属件无损伤、裂痕和锈蚀；部件、插件连接紧固，标识清晰。

（2）检查云台锁扣是否已取下。

（3）使用专用工具检查旋翼连接牢固无松动，旋翼连接扣必须扣牢。

（4）检查电池外壳是否有损坏及变形，电量是否充裕，电池是否安装到位。

（5）检查显示器、电量是否充裕。

（6）检查遥控器电量是否充裕，各遥杆位置应正确，避免启动后无人机执行错误指令。

2.4.2.2 功能检查

（1）启动电源。

（2）查看飞机自检指示灯是否正常，观察自检声音是否正常。

（3）需检查显示器与遥控器设备连接，确保连接正常。

（4）无人机校准后，确保显示器所指的机头方向与飞机方向一致。

（5）操作拍摄设备是否在可控制范围内活动，拍摄一张相片检查SD卡是否正常。

（6）显示屏显示GPS卫星不得少于6颗才能起飞。

（7）检查图传信号、控制信号是否处于满格状态，并无相关警告提示。

（8）将飞机解锁，此时旋翼以相对低速旋转，观察是否存在电机异常、机身振动异常。如有异常，应立即关闭无人机，并将无人机送回管理班组进行进一步检查。

2.4.3 巡检作业前准备

（1）巡检前，作业人员应明确无人机变电站巡检作业流程（见附录A），进行现场勘查，确定作业内容和无人机起、降点位置，了解变电站设备情况、地形地貌、气象环境、植被分布、所需空域等，并根据巡检内容合理制定巡检计划。

（2）作业前，作业执行单位应向空管部门报批遥检计划，履行空域申请手续，并严格遵守相关规定。

（3）作业人员应提前了解作业现场当天的天气情况，决定能否进行作业，起飞前，应申请放飞许可。

（4）作业人员应在作业前准备好工器具及备品备件等物资（见附录B），完成无人机巡检系统检查确保各部件工作正常。

（5）作业前，应核实变电站设备无误，并再次确认现场天气、地形和无人机状态适宜作业。

（6）作业人员应仔细核对无人机各零部件、工器具及保障设备是否齐全，填写出库单后方可前往作业现场。

（7）发生环境恶化或发生威胁无人机飞行安全的情况时，应停止本次作业。若无人机已经起飞，应立即采取措施，控制无人机返航、就近降落，或采取其他安全策略保证无人机安全。

（8）起飞、降落点应选取面积不小于 2m × 2m 地势较为平坦且无影响降落的植被覆盖的地面，如现场起飞、降落点达不到要求，应自备一张防潮垫方便起飞、降落。

2.4.4 变电站无人机作业模式及方式方法

2.4.4.1 变电站无人机巡检

变电站无人机巡检，即采用多旋翼无人机可见光拍照、录像等方式对变电站设备进行精确巡视，掌握设备的运行情况和周围环境变化，查找设备存在的缺陷，使检修人员对设备缺陷能够及时消除，预防事故发生，保障变电站运维安全运行。

2.4.4.2 巡视范围及内容

巡视范围包括800kV及以上换流站分为直流场设备区和交流场设备区，其中800kV交流场设备区，500kV、220kV、110kV及以下变电站可进行带电巡检但需做好相应安全防护措施。800kV及以上变电站、换流站直流场设备区因电磁干扰较大建议停电巡检。

无人机巡检内容及拍摄要求见表2-15。

表2-15 无人机巡检内容及拍摄要求

序号	采集部位	图像示例	拍摄要求	应能反映的缺陷内容
1	500kV避雷器A		拍摄1张上至下俯拍45°角拍摄螺母一侧	（1）避雷器均压环外观； （2）顶端连接板螺母； （3）连接器外观

续表

序号	采集部位	图像示例	拍摄要求	应能反映的缺陷内容
2	500kV避雷器B		拍摄1张横向俯拍45°角拍摄螺母一侧	（1）避雷器均压环外观； （2）顶端三角连接板螺母； （3）连接器外观
3	220kV避雷器		拍摄1张正对连接板直角处拍摄两端螺母	（1）避雷器均压环外观； （2）顶端直角连接板螺母； （3）连接器外观
4	500kV电压互感器A		拍摄1张横向俯拍0°~45°角拍摄螺母一侧	（1）电压互感器均压环外观； （2）顶端圆形连接板螺丝、螺母； （3）连接器外观

续表

序号	采集部位	图像示例	拍摄要求	应能反映的缺陷内容
5	500kV电压互感器B		拍摄1张横向侧拍螺母一侧拍摄线夹下螺母	（1）电压互感器均压环外观；（2）线夹周边螺母；（3）连接器线夹外观
6	220kV电压互感器		拍摄1张横向侧拍连接板螺母一侧	（1）电压互感器顶部外观；（2）电压互感器连接板螺母
7	阻波器		拍摄1张由上至下俯拍	（1）连接板螺母；（2）阻波器顶部外观
8	独立避雷针		每层法兰环拍摄2张正反面各一张	（1）法兰环螺母；（2）焊接处外观

续表

序号	采集部位	图像示例	拍摄要求	应能反映的缺陷内容
9	构架避雷针		同独立避雷针每层法兰环拍摄2张正反面各一张门型构架处由上至下俯拍1张	（1）法兰环螺母； （2）焊接处外观； （3）门型构架外观

2.4.4.3 巡视周期

（1）常规巡视。800kV及以上变电站每半年巡检一次，500kV及以上变电站一年一次（迎峰度夏期间可根据实际情况增加巡检频次），220kV及以下变电站在进行第一轮巡检的基础上，视投运年限和设备状况，考虑间隔周期巡检。遇有变电站综合检修、专项保供电前增加专项巡检。

（2）特殊巡检。气象突变（如大风、大雾、大雪、冰雹、寒潮等）后；雷雨季节特别是雷雨后；高温季节、高峰负载期间；变压器急救负荷运行时，按机巡方案特巡方式进行巡检。

当同一厂家设备出现问题时，要对该厂家负责的所有变电站进行统一排查。

2.5 日常维护保养

2.5.1 无人机的主要分类

无人机的类别及主要功能见表2-16。

表2-16　　无人机的类别及主要功能

无人机类别		主要功能
多旋翼	消费级	巡检培训
	行业级	电力（主、配、变）精细化巡检； 电力（主、配、变）激光扫描巡检； 地理信息服务

续表

无人机类别		主要功能
固定翼	行业级	电力（主、配、变）精细化巡检； 电力（主、配、变）激光扫描巡检； 地理信息服务

2.5.2 无人机主要部件

无人机主要部件分为核心部件和外部部件，见表2-17。

表2-17 无人机主要部件

无人机核心部件		无人机外部部件	
1	主控	1	外壳
2	拓展板	2	机臂
3	电调	3	机翼
4	电机	4	机臂连接座
5	GPS	5	起落架锁扣
6	电池接口板	6	脚架
7	指南针	7	TOF
8	喇叭	8	电池组件
9	RTK天空端	9	风扇
10	中心板	10	天线
11	ADS-B天线	11	FPV
12	下视视觉系统	12	云台系统
13	云台接口组件		
14	前视视觉系统及FPV		
15	气压计		

2.5.3 无人机维保的意义与目标

（1）维持和恢复无人机的使用性能，保证无人机良好的使用性能和安全性能。

（2）延长整机的寿命，尤其是针对飞控等重要部件。

（3）良好的维保习惯可以增加无人机巡检安全性。

2.5.4 无人机维保制度

（1）省检修（分）公司、地（市）公司和县公司应根据无人机类别、飞行里程、使用时间等因素，结合国家有关标准、无人机维保手册、使用说明书等，提出维保需求，确保无人机的正常使用。

（2）省检修（分）公司、地（市）公司和县公司应贯彻“预防为主、定期保养”的原则，即无人机必须遵照《无人机维保标准》规定的飞行里程或时间间隔，按期强制执行，不得拖延，以保证无人机飞行质量。

2.5.5 无人机维保分级

无人机经使用一定的飞行里程和时间间隔后，根据无人机维护技术标准，按规定的工艺流程、作业范围、作业项目和技术要求所进行的预防性作业即为无人机保养。飞行里程以50h计，时间间隔以6个月计。无人机维保分级包括以下内容。

（1）零级维保：无物料消耗类保养，比如：固件升级，检测正常。

（2）一级维保：简单物料保养，比如：外壳、动力电机、遥控器背部接口板以及电池保养。

（3）二级维保：涉及普通部件维保，比如：电调、单目以及遥控器主板的更换。

（4）三级维保：涉及核心部件、云台维保，比如中心板、飞控的更换。

2.5.6 无人机保养工作内容

（1）清洁。无人机整洁，各机械结构、部件和遥控器无污垢，飞行工作正常，电调电机畅通无阻。

（2）检查。无人机各机械结构、部件和遥控器、电池状态正常，各连接件完好并紧固可靠。

（3）无人机各机械结构、部件和遥控器、电池无损坏，安装正确可靠，拧紧程度符合规定要求。

（4）调整。熟悉无人机各机械结构、部件和遥控器、电池调整的技术要求，按照调整的方法、步骤，认真细致进行调整。经复查合格后，将拆下的零件装复。

2.5.7 无人机维修的概念

无人机维修是指当无人机系统中有设备或部件技术状态劣化或发生故障后，为恢复其功能而进行修理的技术活动，包括各类计划维修、故障维修及事故维修。

2.5.7.1 无人机维修工作内容

（1）接收维保无人机，对入厂维保的无人机进行全面检查，利用技术软件将有关数据录入无人机数据库，着重录入无人机缺件、串件、外部损伤情况；了解无人机已经飞行的次数、使用的日历年数、总飞行时间和飞行架次；记录无人机在使用中曾经发生的故障和事故情况；对无人机进行完备性检查和无人机履历一致性检查。

（2）技术人员利用专业维保工器具，按无人机拆装工艺规范对整机进行拆解，拆解后的各部件录入数据库，对其进行历史数据对比和检测。

（3）修理和更换，对无人机机体结构及零部件进行故障检查（如飞行主控检测、视觉系统检测，GPS校对等），无损探伤（如电机转速平衡检测，桨叶探伤等）；对需要进行表面修理的零部件进行表面处理；对无人机附件以及机载设备进行修理；对无人机上有时间要求、寿命要求以及必须更换的部件进行更换。

（4）总装和调试，按工艺规范在无人机的各个大部件上组装经过保养、修理和更换的各种部件、附件、机件和设备，并对机身、机翼等大部件进行组装后的调试与检验。在此基础上，对机上各系统及机载设备进行检查、调试。

（5）完成维保的无人机进行全方位的试飞和入网检测，试飞标准按巡检作业的任务标准，并录入各类飞行数据（如最大飞行时间、飞行票漂移量、壁障等级等）。

（6）出厂交付，检查无人机的各种技术文件和检测、试飞运行记录，全部合格后交付使用方。

2.5.7.2 无人机维修鉴定

1.外观检查

（1）检查脚架是否有变形、损坏。

（2）转动电动机，检查电机外观是否变形、刮伤，并检查电机是否堵转卡转。

（3）检查机臂和机臂连接处是否断裂、变形。

（4）检查上壳及TOF位置是否损坏。

（5）检查云台接口组件、前视支架、FPV组件是否有断裂、变形。

（6）检查电池仓底壳及下视组件外观是否擦伤、变形。

（7）检查电池仓及电池探针是否变形、损坏。

2.功能检查

（1）将飞行器放在水平面上，开机检测尾灯LED是否闪烁。

（2）打开飞空App，检查无人机是否正常搜索。

（3）水平移动无人机，检查FPV界面上方的前视参数是否有变化。

（4）垂直移动无人机，检查App界面下方的VPS参数是否有变化。

（5）检查高级设置，传感器下指南针的干扰量，使用带磁性检测工具靠近指南针位置，检查指南针干扰量是否有变化。

（6）检查电池外观是否鼓包，检查App电池参数（温度、电芯差值、电池寿命、冲放次数）是否正常。

（7）掰杆启动电机，检查电机转向是否正确，转动是否有异响。

（8）使用障碍物遮挡上壳处TOF，检测App是否提示“上方有障碍物”。

（9）检查模块自检，状态列表中的无人机所有状态是否正常。

2.5.8 无人机试飞的注意事项及要求

2.5.8.1 安全注意事项

（1）避免风力过大时飞行。

（2）避免在周围有较多障碍物、磁场干扰源地域飞行（手机信号发射天线、雷达天线、高压电线）。

（3）避免在人群多的地方飞行。

（4）避免贴地飞行、特别是避免在水面低空飞行。

（5）避免在雨、雾、灰尘大的情况下飞行。

（6）起飞和降落时保持机头向前。

（7）起飞和降落时必须注意力高度集中。

2.5.8.2 试飞要求

（1）无人机必须由持有国家统一颁发的操作证人员操作，无证人员严禁使用。

（2）根据相关法律规定，无人机飞行范围需在目视视距半径500m，相对高度120m范围内，确保飞机在视线范围之内，严禁在障碍物背面飞行，以减少操作不可控性。

（3）无人机飞行时必须考量现场天气、风向等因素，以减少操作不可控性。

（4）飞行过程中，在使用自动功能时，如自动起飞、自动降落等，双手不能离开遥控器，始终保持对飞机的控制。

（5）在确认取得良好GPS信号后再起飞，并尽可能利用安全飞行功能，如自动返航，定点悬停等。

2.5.9 无人机维保的职责分工

中心统一管理无人机的保养和维修，负责制定无人机维保计划，了解无人机保养和维修状况，组织评估保养和维修质量，并负责维保实施工作。

（1）遵守设备操作规程作业，定期维护和保养本岗位负责的设备。

（2）熟悉本岗位存在的风险和应急保护逃生知识，在紧急情况发生时能够按应急计划要求进行迅速撤离或是投入救急工作。

（3）发现事故隐患或发生事故及时报告。

（4）负责无人机的操作、巡回检查及故障处理。

（5）负责无人机的运行、维护保养等资料的录取和填写。

（6）负责无人机的日常维护和保养。

（7）负责与本岗位相关的其他工作。

2.5.10 无人机维保的管理要求

无人机维保工作应遵照国家有关部门无人机适航法规，在中国民用航空局及相关协会未颁布无人机相关适航法规之前，国网系统内的无人机巡检系统保养维修机构、人员及配件应满足以下要求。在满足以下条款的前提下，有条件的无人机厂家也可参照民航法规21部（CCAR21）的相关有人机适航规定。

2.5.10.1 机构资质

维保实施机构须经过国网浙江省电力有限公司及无人机生产厂家的联合认定，并由无人机厂家向实施机构授权维修资质。

2.5.10.2 人员资质

维保班组人员须获得厂家颁发、国家电网有限公司认可的培训合格证。

2.5.10.3 备品备件及维修工器具要求

无人机保养及维修中所使用的备品备件及维修工器具须由无人机厂家提供完整的供货渠道文件，所有材料及配件应具有可追溯性。非厂家提供的材料、配件须经认可的检验检测机构进行质量和性能认定，方可用于无人机巡检系统维护保养工作。

附件1

小型旋翼无人机巡检作业报告

一、作业环境情况

1.巡检日期：　　　年　　月　　日

2.巡检线路：　　　　　　　　千伏

3.巡检气象条件：

4.航程与航时：总计巡视杆塔　　基，总航时为　　分钟

5.拍摄模式：

二、巡检作业情况

1.巡检作业任务情况。

2.巡检作业设备情况。

3.巡检结果发现缺陷或隐患情况。

三、作业小结

四、其他

作业班组：

报告日期：

附件2

架空输电线路无人机巡检系统使用记录单

编号：　　　　　　　　　　　　　　　　　　　　巡检时间：　年　月　日

使用机型							
巡检线路		天气		风速		气温	
工作负责人				工作许可人			
操控手		程控手		任务手		机务	
架次				飞行时长			
1.系统状态							
2.航线信息							
3.其他							

记录人（签名）：____________　　　　　　　工作负责人（签名）：____________

附件3

架空输电线路无人机巡检作业工作单

单位________________ 编号_______________

1.工作负责人______________________ 工作许可人___________________

2.工作班__________________________

工作班成员（不包括工作负责人）：____________________________________

3.作业性质：小型无人直升机巡检作业（ ） 应急巡检作业（ ）

4.无人机巡检系统型号及组成：____

5.使用空域范围

____

6.工作任务

____

7.安全措施（必要时可附页绘图说明）：

7.1 飞行巡检安全措施：____

____

7.2 安全策略：____

____

7.3 其他安全措施和注意事项：______________________________________

____

8.上述1~7项由工作负责人______根据工作任务布置人______的布置填写。

9.许可方式及时间

许可方式：_______________

许可时间：___年___月___日___时___分至___年___月___日___时___分。

10.作业情况

作业自___年___月___日___时___分开始，至___年___月___日___时___分，无人机巡检系统撤收完毕，现场清理完毕，作业结束。

工作负责人于___年___月___日___时___分向工作许可人___用___方式汇报。

无人机巡检系统状况：

____

工作负责人（签名）_______________ 工作许可人______________

填写时间___年___月___日___时___分

附件4

架空输电线路无人机巡检作业现场勘察记录

勘察单位__________ 编号__________

勘察负责人________________ 勘察人员________________

勘察的线路或线段的双重名称及起止杆塔号：

____

____

勘察地点或地段：

____

____

巡检内容：

____

____

现场勘察内容

1.作业现场条件：
2.地形地貌以及巡检航线规划要求：
3.空中管制情况：
4.特殊区域分布情况：
5.起降场地：
6.巡检航线示意图：
7.应采取的安全措施：

记录人：______ 勘察日期：____年____月____日____时____分至____年____月____日____时____分

附件5

无人机巡检系统出入库单

无人机型号		数量	
出库检查			
出库日期		出库时间	
领用人		审核人	
入库检查			
入库日期		入库时间	
归还人		审核人	
备注			

附件6

小型无人直升机巡检飞行前检查工作单

1. 现场环境及地面站检查		
序号	检查内容	检查确认
1.1	使用风速仪检查风速是否超过限值	
1.2	使用测频仪检查起降点四周是否存在同频率信号干扰	
1.3	架设遥控、遥测天线，并检查连接可靠	
1.4	其他	
	检查人签名	
2. 无人直升机系统检查		
2.1	机体检查	
2.2	发动机检查	
2.3	电气检查	
2.4	其他	
	检查人签名	
3. 任务载荷系统检查		
3.1	任务载荷中相机、摄相机等设备正常，电池电量充足	
3.2	任务载荷与无人直升机电气连接检查	
3.3	开机后任务载荷操控是否正常	
3.4	其他	
	检查人签名	
4. 测控系统检查		
4.1	地面测控设备检查	
4.2	开机后测控系统上、下行数据检查	
4.3	其他	
	检查人签名	
以上地面站架设及各系统检查完毕，确认无误，工作负责人签名后方可起飞作业	工作负责人	

第3章　无人机配套设施

3.1　智能巡检系统

目前，随着嘉兴电网规模的不断发展，输电线路长度不断增加，线路运维规模的增长与运检人员配置缺员的矛盾日益突出。输电线路运维规模大、人员少、人员趋于老龄化、分工不合理这些问题的出现严重影响了输电线路运维的难度。人工地面巡检盲点多，班组登杆塔检查劳动强度大、作业危险系数高，雷击等故障点查找效率低也是当下巡视的难点。在此情况下，线路巡检部署以无人机巡视为主、人巡为辅的人机协同巡检成为当前紧迫的需求。通过无人机巡检与人工巡检有机结合的方式，辅以高效的无人机数据采集技术、数据分析技术、数据管理系统和人巡智能终端，建设智能运检技术和管理体系，才能全面提高线路的巡检效率，降低线路运行风险，消灭线路运行死角。

人机协同综合管控平台建设旨在依托物联网、人工智能、云计算及云存储等互联网技术，融合无人机、巡检机器人、高集成度单兵巡检装备等移动巡检设备的回传信息，以及在线监测、通道可视化等设备前端采集数据，实现设备本体及通道运行状态数据的集约化、输电设备基础数据的信息化、生产业务流程的电子化、数据上报的规范化，提升线路缺陷、隐患（树障）、危险点等大数据智能分析水平。通过智能平台出入库管理，联合已有内外部软硬件设备，实现人机巡检流程规范化、智能化。通过对各类使用人员权限的分配，使平台运维管理功能实现分层、分级管控的要求。

通过对电网资源、专业业务、设备管控和专项数据的统一汇聚、共享，形成内外兼顾、多元互联的输电线路业务全流程闭环管理体系，从资源管理到计划制订，从数据采集到信息提取，彻底打通户外巡检—数据处理—任务派发—消缺闭环的链条，实时掌握各类巡检设备运行状态。实现巡检现场远程可视化，抢修现场远程会商，提高巡视人员现场管控水平与处置效率，提高线路本质安全水平。

智能巡检系统共包括管控平台、机巡终端、人巡终端、树障分析和缺陷分析五部分。

3.1.1 管控平台

针对以上要求，输电运检中心编写了人机协同管控平台功能规范书，联合无人机专业厂家制定研发了一套适用于国网嘉兴供电公司自身特点的管控平台。该平台是在省公司新一代智能运检管控系统下的一个个性化定制的微应用，鉴于目前互联网大区、业务平台尚在开发，在省公司统一框架下同步开展应用模块开发，待互联网大区、业务平台成熟推广后按统一要求接口接入，推广应用。平台主要包括首页底图、计划任务管理、机巡成果管理、人巡成果管理、电网资源管理等模块。

3.1.1.1 首页底图

首页底图包括GIS地图、快捷展示区、系统导航、统计展示功能。

（1）GIS地图。具备GIS地图、电子地图、电网资源管理、二/三维切换功能。GIS地图应保留现有地图基础上，添加禁飞区、风区图、冰区图、雷区图、污区图、舞动区图等，并具备电子地图基本功能。使用人员可根据需要搜索指定线路或指定杆塔，并使其高亮展示，也可根据电压等级、线路运维单位搜索线路基本信息，查看当地天气。地图配置图例及比例尺，其中图例设置链接至电网资源管理模块。地图内线路名称、杆塔图标、杆塔号应随地图放大缩小保持不变，放大过程中随比例尺依次出现变电站/发电厂、线路路径、线路名称、杆塔图标、杆塔号，整个界面简洁清晰。

（2）快捷展示区。具备底图、人巡作业、机巡作业、微拍监控、机巢监控、护线站监控、机器人监控、专题图等按钮供使用人员筛选所展示的内容，与GIS地图联动。人巡作业功能开启后，在GIS地图中显示人员位置信息，点击图标可显示该人员基本信息，并查看关联任务单，同时支持应急派单（出现故障异常时可对故障点最近的人派单）；机巡作业功能开启后，在GIS地图中显示无人机位置信息，点击图标可显示该无人机基本信息及使用人员，查看关联任务单，对于正在执行任务的无人机，可显示实时作业情况。其余监控功能开启后可查看相应模块的相关信息字段，专题图包括树障、缺陷、鸟窝、通道、交跨、危险点等专题。

（3）系统导航。计划任务管理、机巡成果管理、人巡成果管理、电网资源管理等模块快捷导航菜单。

（4）统计展示。根据使用人员业务需求，选择所需展示的界面，包括（但不限于）机巡成果展示、人巡成果展示、缺陷统计、隐患统计等，可通过点击显示内容进入相应模块。对应模块以图表形式显示本日、本周、本月数据，并对异常数据高亮报警。统计应多样化且可根据使用人员需求调整不同展示的统计内容。

1）航飞数、航飞线路长度：当日无人机使用记录。

2）手持终端登录数、到位登记杆塔数：当日人巡使用记录。

3）机巡成果展示：展示部分巡视图片，包括通道巡视、精细化巡视、树障巡视。巡视架次、杆号、公里数等关联。

4）人巡成果展示：展示部分巡视图片，日常巡视、保供电巡视。

5）线路规模统计：显示辖区线路分布情况。

3.1.1.2 计划任务管理

用于编制与查询日常人巡、机巡任务计划及任务的执行情况等。关联业务管理中需要消缺的任务，用以统计查询、派发消缺；包括月计划管理、周计划管理及任务单管理3个模块。

（1）月计划管理。结合检修、巡视计划及停电情况，制订本月人巡、机巡计划，可新增本月巡视任务，根据实际情况可以添加、修改巡视线路杆塔区段等信息。可以按线路名称、巡视类型、班组、巡视人员等查询月度巡视信息、巡视完成率。具体字段要求及填写标准见表3–1。

表3–1　　月计划管理填写标准

序号	需求点	备注
1	电压等级	1000kV/±800kV等
2	线路名称	本月巡视所有线路
3	月份	1~12月
4	巡视类型	人巡、机巡，各细分类型
5	班组	运维一班/运维二班/运维三班等
6	巡视人员	选择班组后可选择班组成员

（2）周计划管理。根据月度计划结合停电情况制定本周人巡以及机巡的周计划，可新增临时计划，该计划自动录入月计划中。根据实际情况可以添加、修改巡视线路杆塔区段等信息，可以按线路名称、巡视类型、班组、巡视人员等查询巡视信息、巡视完成率。具体字段要求及填写标准见表3–2。

表3-2　周计划管理填写标准

序号	需求点	备注
1	电压等级	1000kV/±800kV等
2	线路名称	本月巡视所有线路
3	第几周	1、2、3、…
4	巡视类型	人巡、机巡，各细分类型
5	班组	运维一班/运维二班/运维三班等
6	巡视人员	选择班组后可选择班组成员

（3）任务单管理。基于目前平台模块功能，用于每日人巡、机巡任务编制、派发。巡视人员在人巡App端或ugird机巡端中任务管理—我的任务中接收并开始该条巡视任务，巡视完成率等巡视信息实时回传平台。

3.1.1.3　机巡成果管理

机巡成果管理包括通道缺陷管理、精细化缺陷管理、树障缺陷管理等9个子模块。

（1）通道缺陷管理。用于在平台统一管理缺陷分析软件标注的无人机通道巡检缺陷，在缺陷分析软件标注通道巡检缺陷保存后可实时同步到平台，包括通道缺陷、通道隐患两种类别，支持派单到App进行消缺，也可在平台直接消缺、批量消缺；支持生成报告功能。

（2）精细化缺陷管理。用于在平台统一管理缺陷分析软件标注的无人机精细化巡检缺陷，在缺陷分析软件标注通道巡检缺陷保存后可实时同步到平台，缺陷等级包括危急、严重、一般，支持派单到App进行消缺，也可在平台直接消缺、批量消缺；支持生成报告功能。

（3）树障缺陷管理。用于在平台统一管理缺陷分析软件标注的无人机树障巡检缺陷，在树障分析软件分析点云数据后可实时同步到平台，缺陷类型包括树障、交叉点、对地缺陷，缺陷等级包括危急、严重、关注点、一般，支持派单到App进行消缺，也可在平台直接消缺、批量消缺；支持生成报告功能。

（4）全景图管理。用于在平台统一管理三维可视化界面线路杆塔的全景图，在全景图管理添加了全景图后，三维可视化界面对应的线路杆塔显示全景图标志并可查看。缺陷类型包括树障、交叉点、对地缺陷，缺陷等级包括危急、严重、关注点、一般。支持派单到App进行消缺，也可在平台直接消缺、批量消缺；支持生成报告功能。

（5）二维影像管理。用于在平台统一管理三维可视化界面的二维影像图层，在二维影像管理添加了影像后，三维可视化界面可添加图层加载平面影像到地图中，在二维影像管理界面可将影像加载至地图。

（6）三维影像管理。用于在平台统一管理三维可视化界面的三维影像图层，在三维影像管理添加了影像后，三维可视化界面可添加图层加载三维影像到地图中，在三维影像管理界面可将影像加载至地图。

（7）智慧巡视缺陷管理。用于在平台统一管理智能识别的缺陷，缺陷分析软件的智能识别结果同步到智慧巡视缺陷管理列表（包括精细化与通道缺陷），可核实缺陷识别结果，核实后的数据自动进入自学习系统，并且核实通过的缺陷同步到平台的精细化缺陷管理列表、通道缺陷管理列表。

（8）树障剖面图管理。用于在平台统一管理树障分析软件分析结果的剖面图，树障分析软件危险分析结果剖面图详细数据同步到平台，可查看剖面图片并支持导出功能。

（9）飞行历史轨迹。用于在平台统一管理无人机巡视轨迹。无人机完成巡视后巡视数据包括无人机序列号、起飞时间、操作人、巡视轨迹等数据自动同步到平台，可点击查看历史轨迹将巡视轨迹加载到三维可视化界面，支持导出功能。

3.1.1.4 人巡成果管理

人巡成果管理包括临时通知、人巡缺陷管理、项目管理、交跨管理等9个子模块。

（1）临时通知。用于统一管理平台发送至人巡终端的临时通知，新增临时通知可发送给全部班组或者指定班组、指定员工；可查看已发送的临时通知的阅读情况。

（2）人巡缺陷管理。用于统一管理人巡缺陷数据，类别包括交跨和缺陷，同步App缺陷登记的数据、交跨管理列表系统识别为不合格的数据；平台支持消缺、批量消缺功能，还可以派发工单到终端消缺；可查看缺陷详情、消缺详情，并且支持生成报告。

（3）项目管理。用于统一管理巡检项目，将巡检线路建立成一个项目管理平台与App一样都可以新建项目；平台支持派单、导出功能。

（4）交跨管理。用于统一管理缺陷分析软件、树障分析软件分析得到以及App登记的交跨数据，支持查看交跨详情信息，包括交跨图片；平台支持派单功能，指定班组巡检。

（5）交跨变更管理、交跨信息变更管理。交跨变更管理用于审核终端App标注不存在的交跨；交跨信息变更管理用于审核变更信息的交跨数据。

（6）红外测温管理。用于统一管理缺陷分析软件、人巡终端记录的红外测温数据，数据提交后自动得出检测结果，结果分为严重缺陷、一般缺陷、合格；平台支持导出功能。

（7）接地电阻、覆冰厚度、零值检测管理。用于统一管理人巡终端记录的接地电阻、覆冰厚度、零值检测数据，数据提交后自动得出检测结果，结果分为严重缺陷、一般缺陷、合格；平台支持导出功能。

（8）到位管理、巡视历史管理。到位管理用于统一管理人巡终端登记到位情况，包括到位情况、到塔距离，支持导出功能；巡视历史管理用于统一管理人巡终端巡视历史，可将巡视轨迹加载到三维可视化界面查看。

（9）输电手册管理。用于统一管理人巡终端的输电手册，平台支持文件下载。

3.1.1.5 电网资源管理

电网资源管理包括线路管理、杆塔管理、杆塔图片管理、杆塔变更和杆塔高度变更管理等9个子模块。

（1）线路管理。用于统一管理输电线路，线路信息包括名称、电压等级、管理班组、长度、杆塔基数等；自动计算全部线路总长度、杆塔总基数；线路支持拆分、合并、反转；平台支持生成报告。

（2）杆塔管理。用于统一管理线路杆塔，包括线路名称、杆塔经纬度、杆塔地址、杆塔高度等详细数据；支持导入导出功能，导入杆塔数据时会自动在线路管理列表新增未添加的线路。

（3）杆塔图片管理。用于管理线路杆塔的图片，添加的杆塔图片需要按照“电压_线路_杆塔编号”的格式命名；杆塔图片支持放大查看。

（4）杆塔变更和杆塔高度变更管理。杆塔变更用于审核杆塔变更信息，通过ugrid、人巡App、树障分析软件，对杆塔坐标进行修改变更，提交变更申请后，数据同步到该模块；支持批量审核杆塔高度变更管理用途；杆塔高度变更管理用于审核杆塔高度变更信息通过树障分析软件，对杆塔高度进行测量，提交杆塔高度变更申请后，可在此模块查看杆塔变更信息；支持批量审核。

（5）共塔管理。用于管理共杆线路，支持新增、编辑、删除。

（6）特殊区域管理。用于管理特殊区域的线路区段，特殊区域类型包括树障区域、鸟害区域等；可新增、编辑、删除、查看。

（7）杆塔模型管理。用于管理杆塔模型，添加杆塔时可绑定杆塔模型，在三维可视化界面展示线路的时候杆塔根据绑定的模型展绘；可新增、编辑、删除、导出。

（8）导线型号管理。用于管理线路导线型号，线路添加导线型号之后可在树障分析软件使用该线路的工况模拟功能，模拟不同温度下导线垂弧的变化；可新增、编辑、删除、导出、导入、下载导入模板。

（9）电缆段、电缆井管理。电缆段管理用途：用于管理线路埋在地下的电缆段区间，可新增、编辑、删除、导入、导出、下载导入模板；电缆井管理用途：用于管理运检人员检查地下电缆的出入口（电缆井），可新增、编辑、删除、导入、导出、下载导入模板。

3.1.2 机巡终端

机巡终端软件是基于安卓移动操作系统和大疆SDK的一款智能航测无人机数据采集、处理和应用调绘软件。系统针对电力巡航作业特点深度定制，功能分为12个模块：精细巡视、通道巡视、特殊巡视、树障巡视、快速测绘、全景采集、点云采集、计划任务、任务管理、地图应用、飞行记录和系统设置。实现了无人机从数据采集到处理、应用的一站式服务。

3.1.2.1 主要模块介绍

（1）精细巡视模块。精细化巡视包括手动模式、学习模式和巡视模式。将杆塔坐标文件导入到地图上之后，在学习模式下可以记录无人机在进行杆塔精细化巡视时的飞行路径和拍照位置，并在巡视模式中为自动化巡视提供飞行参考，实现从一键导航到自动化巡视的全过程；而手动模式是指手动控制无人机进行精细化巡视。

（2）通道巡视模块。主要包括视频拍摄和定时拍照。在这个模块下可自动控制无人机搭载红外和可见光相机对所巡视的走廊位置和环境信息。通过自动控制无人机对施工黑点、山火、滑坡等通道隐患进行数据采集。

（3）特殊巡视模块。是由通道巡视衍生的一种特殊巡视，此模块只做定时拍照，在到达杆塔位置前20m会停留一下，以便拍到杆塔侧边的照片，其他飞行控制方法跟通道一样。

（4）树障巡视模块。主要是针对树障隐患研发的，通过控制无人机自动采集树障区域航拍图片，从而能够生成可见光点云，用树障分析软件算出树障缺陷或隐患的位置和危险等级。

（5）快速测绘模块。主要包括正射模式和倾斜模式。在这个模块下可使无人机在规划区域内自动完成正射影像和倾斜摄影数据采集，在野外可以通过魔方处理拼接出正射影像图，从而快速获取杆塔或通道走廊周边的环境三维地理数据，达到辅助灾情评估和抢修救灾的目的。

（6）全景采集模块。主要包括自动360°全景和手动360°全景模块。全景采集模块能够使无人机在杆塔上空自动拍摄或手动拍摄360°照片，可拼接合成360°全景图，从而记录杆塔周围的环境情况。全景采集模块支持多点全景采集，可使无人机对自由规划的多个位置点连续性地拍摄360°全景照片，从而获取多个位置的环境信息。

（7）点云采集模块。在杆塔上方规划一个正方形航线，控制无人机在杆塔上方采集杆塔的照片，生成可见光点云，然后用无人机精细化航线自动生成系统加载点云，通过简单添加巡视点即可生成精细化航线，生成的航线用于杆塔自动精细化巡视。

（8）计划任务。UOS平台版本功能，可从输电智能运检管控平台中同步线路杆塔，开启巡视后，对同步下载的线路进行巡视。

（9）任务管理模块。主要对航飞任务进行管理。航飞之后生成的影像数据可以通过任务管理模块与魔方对接，将影像数据同步到魔方中处理，魔方处理完后，实时将影像成果摄像传回UOS。除拼接之外，还可以查看航飞任务的详细信息，包括航飞日期、高度、重叠度、航线规划和完成状态。

（10）地图应用模块。能将数据处理生成的高清影像成果和DEM数据进行统一管理，加载Google在线地图数据，提供点、线、面基本绘制工具和距离、面积量算工具；同时提供基于位置的轨迹记录、拍照、剖面及强大的导航功能，支持KML文件加载。能方便野外工作人员即时进行数据应用和调绘，极大程度地提高野外工作效率。

（11）飞行记录模块。能够查看及回放之前执行过的任务，以及统计飞行次数、飞行总时间以及飞行总里程。

（12）系统设置模块。主要包括切换地图、下载地形数据、模拟飞行、飞行平台管理、相机管理、服务器设置以及软件更新。

3.1.2.2 运行环境

机巡终端软件是基于安卓开发的专业无人机操作系统。要求Android 4.4以上系统，需运行在硬件配置良好的安卓移动设备上，推荐在UOS专用三防终端/华为P8/P8max/Mate 7/M2/M3等系列的高配手机或平板上安装使用。非适配终端可能会出现系统闪退、卡顿、航点数据上传失败等兼容性问题。

3.1.3 人巡终端

输电线路智能巡检终端系统（简称人巡终端）是基于安卓移动操作系统的一款人巡运维管理系统，应用于电力巡检，提供地图定位、导航、缺陷登记，交跨登记、检测记录、查看缺陷、消除处理等功能，实现智能巡检。

3.1.3.1 主要功能

输电线路智能巡检终端系统专业应用于输电线路巡检，与输电线路智能运检管控平台进行集成，提供计划任务、临时通知、缺陷查看、缺陷登记、缺陷消缺、交跨管理、检测记录（包括接地电阻、红外测温、零值检测）、项目管理、地图定位、导航等功能，运维数据实时同步，并支持离线使用，人巡和机巡成果统一查看处理，实现人巡智能运检，极大提高效率，降低成本。

3.1.3.2 运行环境

硬件环境：CPU：1.5GB以上，内存：3GB以上，存储：32GB以上。

软件环境：Android 4.4以上。

3.1.4 树障分析

树障分析软件专门针对树障问题，系统基于图像密集点云匹配和立体测图技术，针对输电线路通道导线弧垂建模，可对线路通道保护区内的竹树隐患、交跨距离等进行安全分析，并根据不同线路等级的安全距离规范区分不同的缺陷等级，精确标识缺陷位置，一键自动生成树障缺陷报告，提高电力通道树障隐患分析的效率，降低巡视人工成本。

3.1.4.1 系统介绍

（1）主界面（见图3-1）。

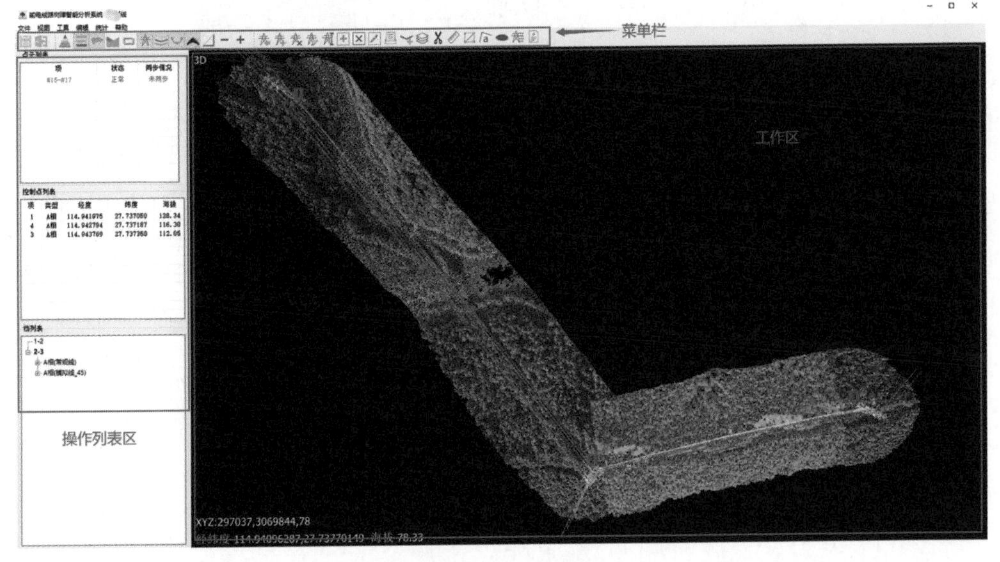

图3-1 主界面

（2）菜单栏（见图3–2）。

图标					
功能	打开	保存	导入 Pix4D	放大点云	缩小点云
图标					
功能	显示分类	显示高程图	显示原始图	显示电塔	显示电力线
图标					
功能	显示控制点	添加电塔	批量导入电塔	调整电塔	设置电塔高度
图标					
功能	删除电塔	生成档	添加控制点	删除控制点	编辑控制点
图标					
功能	显示侧视图	显示档	裁剪点云	点云分类	生成电力线
图标					
功能	量测面积	量测距离	显示电塔信息	危险分析	电力线信息

图3–2　菜单栏

（3）树障流程图（见图3–3）。

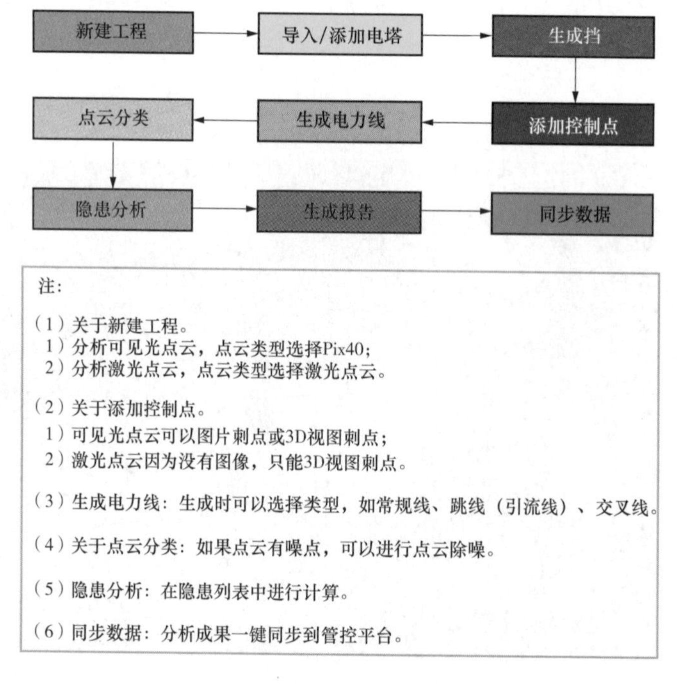

图3–3　树障流程图

3.1.4.2 操作说明

（1）登录系统。启动软件后弹出登录界面，输入账号密码登录系统，见图3-4。

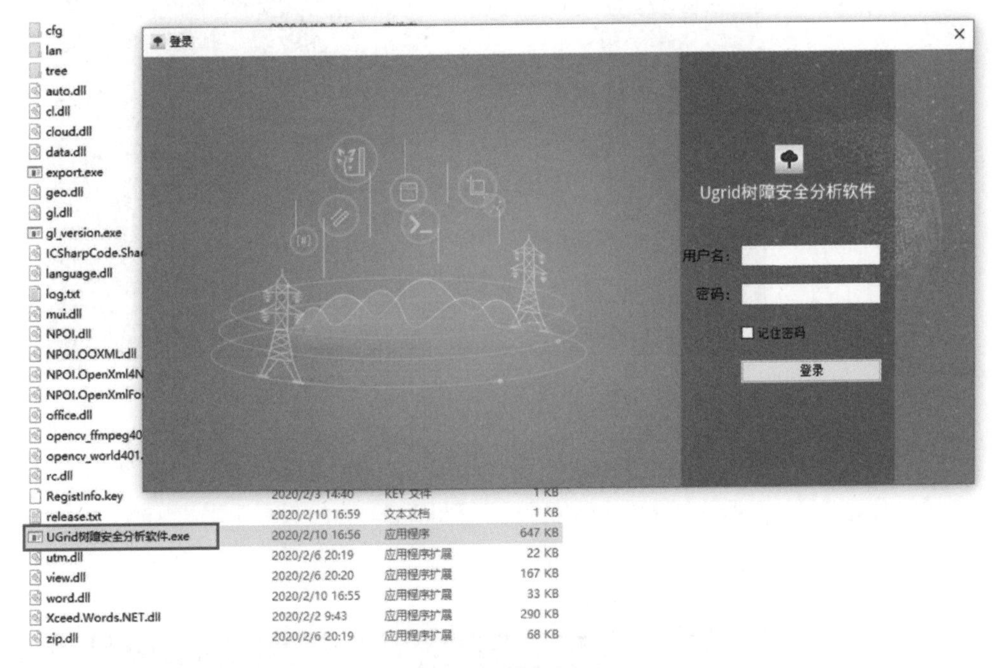

图3-4　登录界面

（2）新建工程。点击树障分析软件，打开后界面见图3-5，单击左上角的“新建”。在系统弹出“新建工程”对话框，根据线路信息填写新建工程信息，见图3-6。

图3-5　新建工程界面

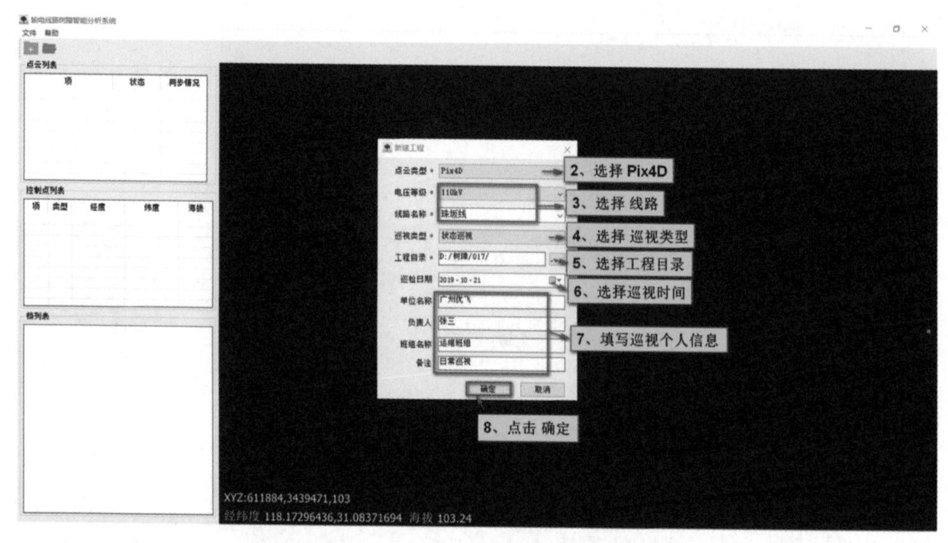

图3-6　填写新建工程信息

（3）导入点云。创建完工程之后可以单击菜单栏的“导入点云”按钮，系统弹出与所建工程相对应文件导入对话框，见图3-7。

图3-7　导入点云

导入Pix4d点云文件见图3-8。

导入点云文件后显示见图3-9。

（4）添加电塔。按键盘“Tab”键切换到3D模式，见图3-10。

点击添加“电塔”按钮，见图3-11，选择电塔位置，填写标塔信息，见图3-12。

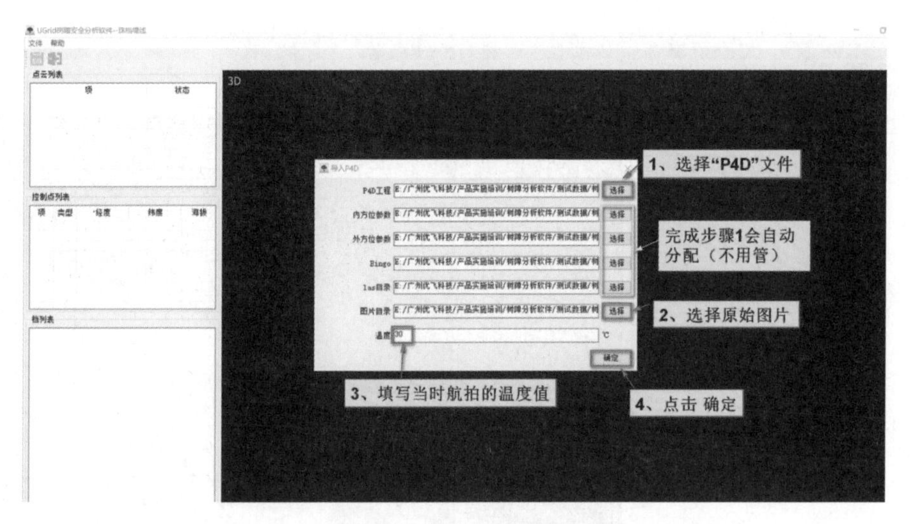

图3–8　导入点云文件

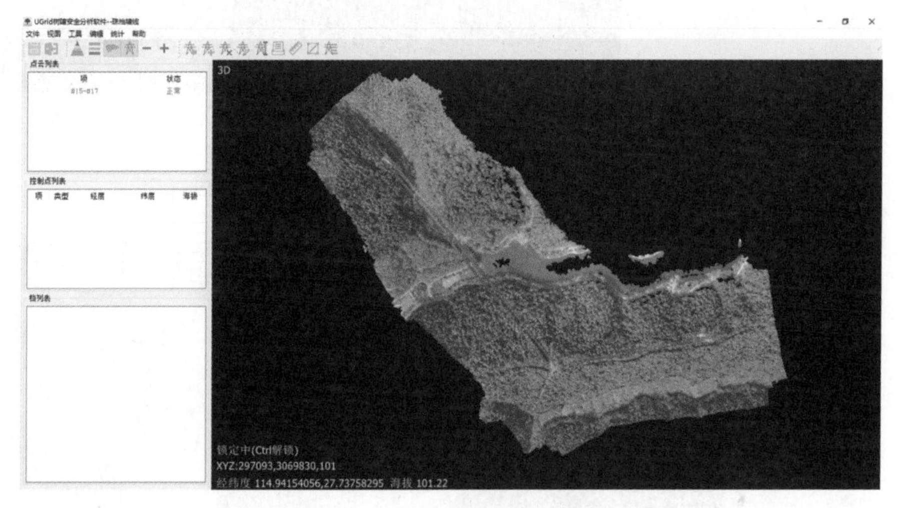

图3–9　导入点云文件后界面

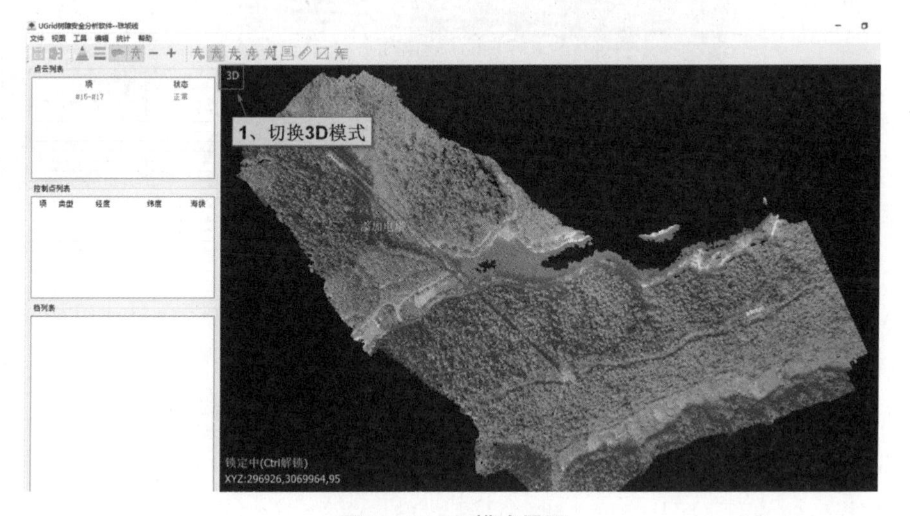

图3–10　3D模式界面

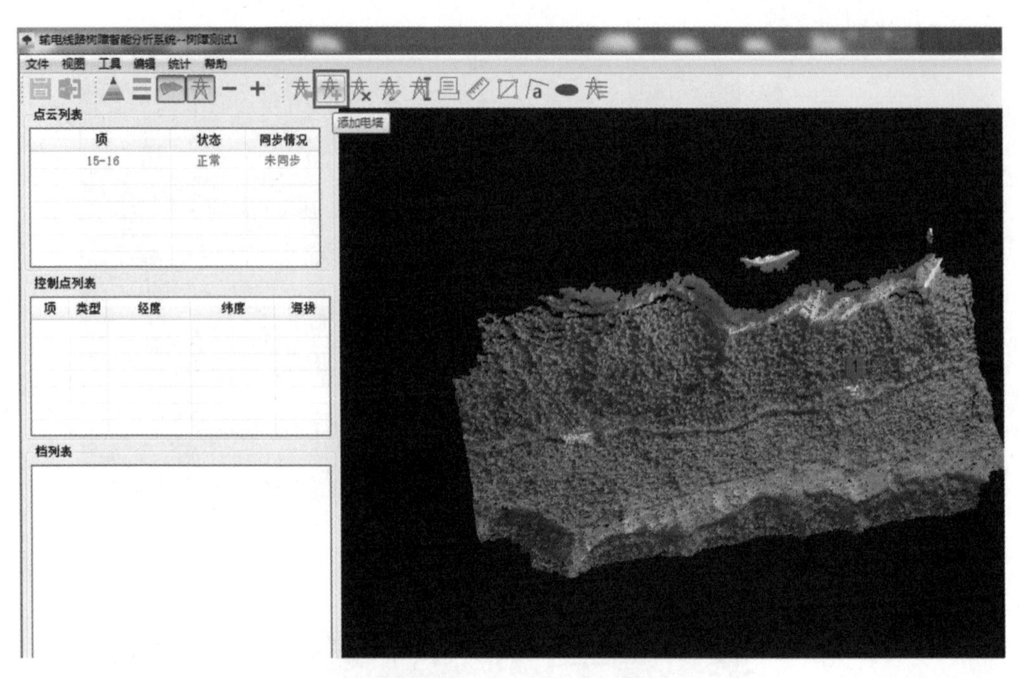

图3-11　添加电塔界面

图3-12　填写标塔信息

（5）生成档。电塔添加完后点击“生成档”按钮，软件会自动以相邻的两个塔建为一档，见图3-13。

（6）添加控制点。建档完成后切换到2D模式（Tab），点击“添加控制点”按钮，会出现航点分布图，见图3-14。

选择旁向的两张照片按回车键，见图3-15。

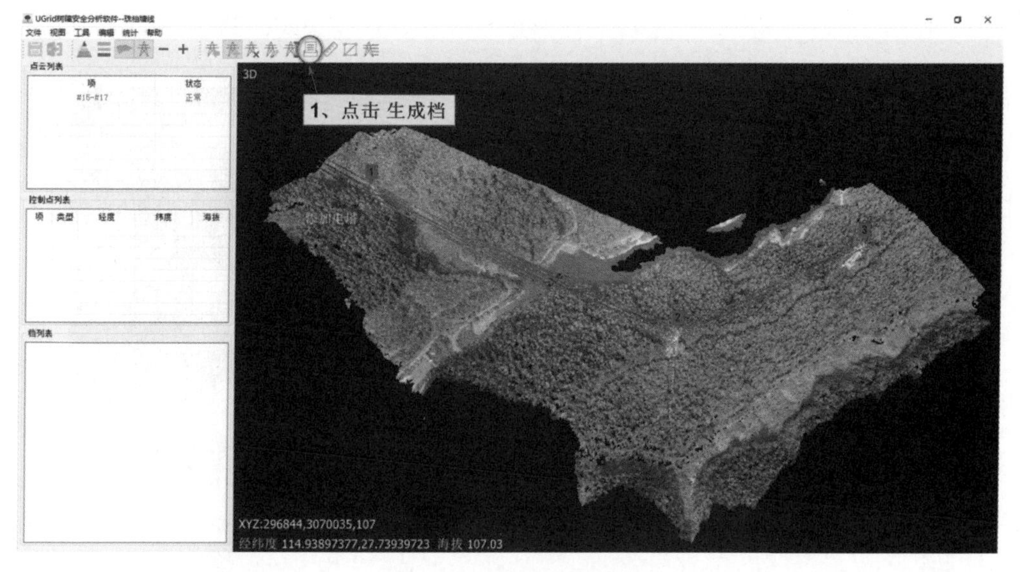

图3–13　电塔生成建档

图3–14　添加控制点

在“添加控制点”界面上左右两图选择位置相同的点进行刺点（左右两图为不同视觉下的同一位置图片），点击左上角添加按钮或按快捷键（1，2，3）添加控制点，填写控制点名称和类型，点击确认即可，步骤见图3–16。

按照以上方式在一条电力线上至少刺点3个控制点才能生成电力线，见图3–17。

（7）生成电力线。添加完控制点后，点击 生成电力线，步骤见图3–18和图3–19。

图3-15 选择旁向的照片

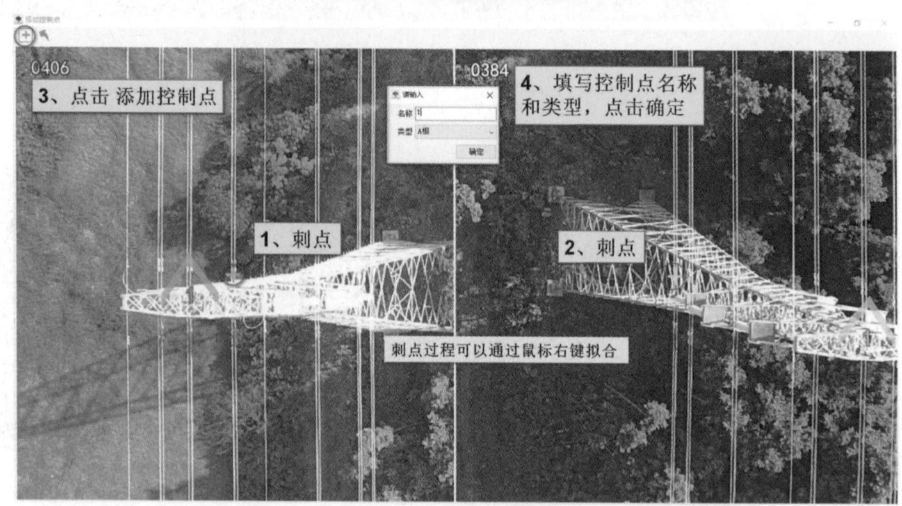

图3-16 刺点添加控制点

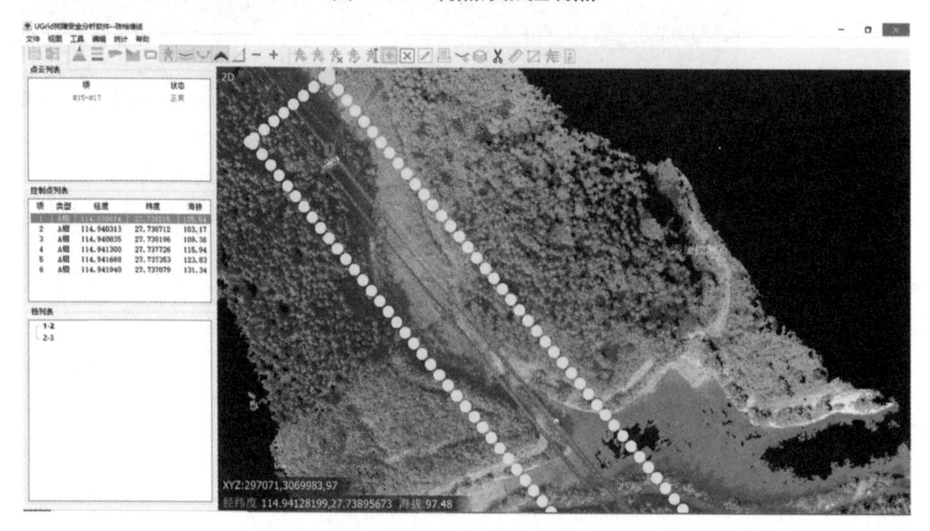

图3-17 刺点多个控制点

图3-18　点击生成电力线

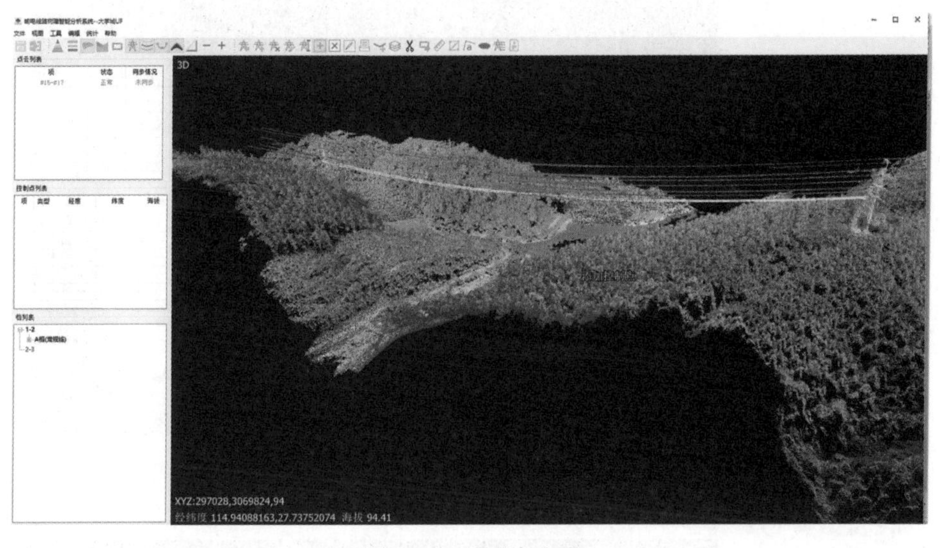

图3-19　生成电力线

（8）隐患分析计算。拟合好电力线，做好点云分类后，系统可以根据不同电压的树障隐患分级原则自动分析隐患。点击“隐患列表”按钮，可看到如下窗口（见图3-20）。

选择点云和档，再点击计算，系统自动进行隐患分析，见图3-21。

（9）导出报告。分析的隐患结果，可以一键导出Word文档报告，见图3-22和图3-23。

导出剖面图报告，见图3-24和图3-25。

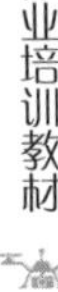

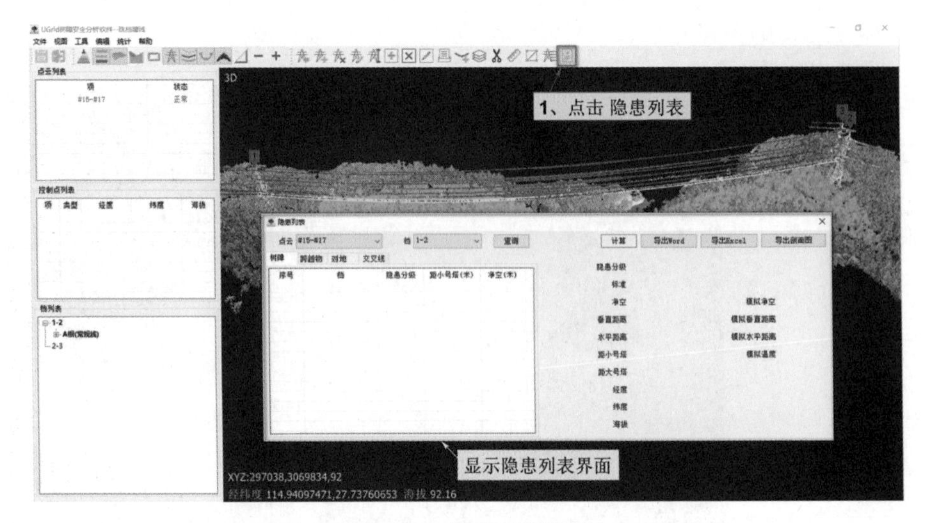

图3-20　隐患列表界面

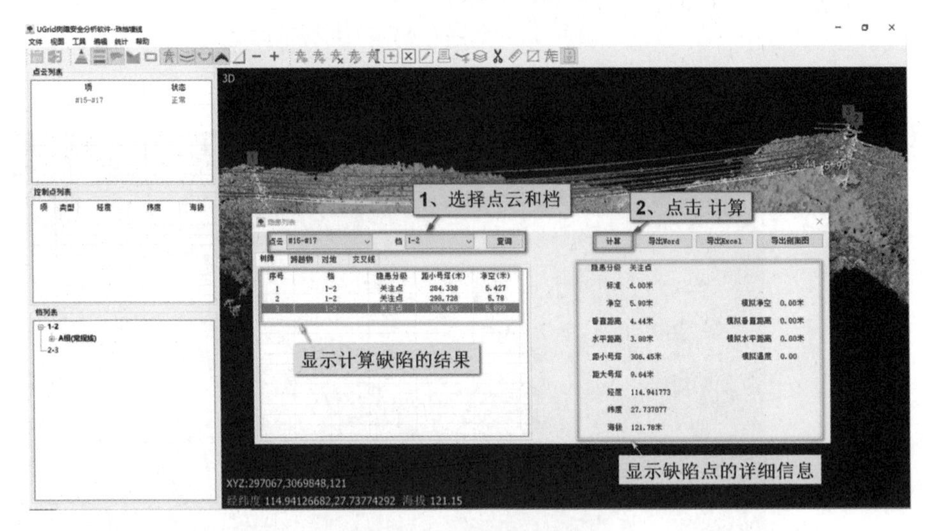

图3-21　隐患分析计算

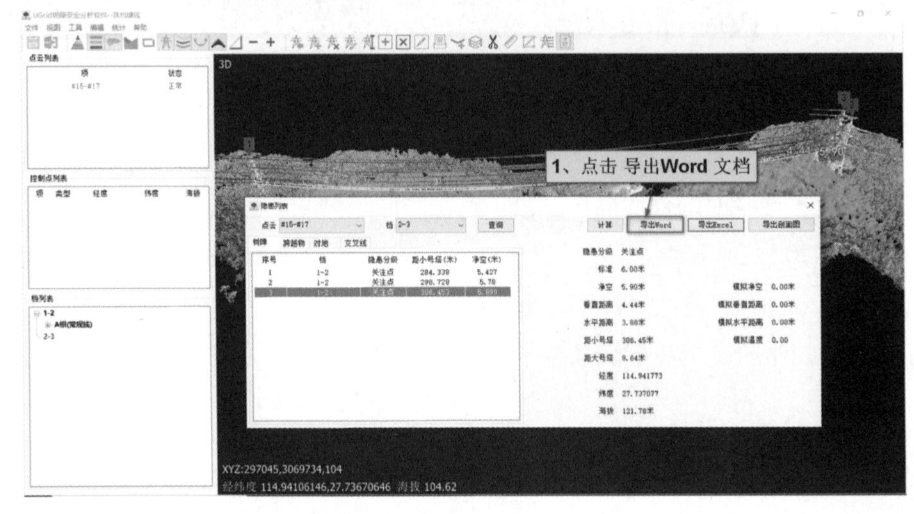

图3-22　导出Word文档

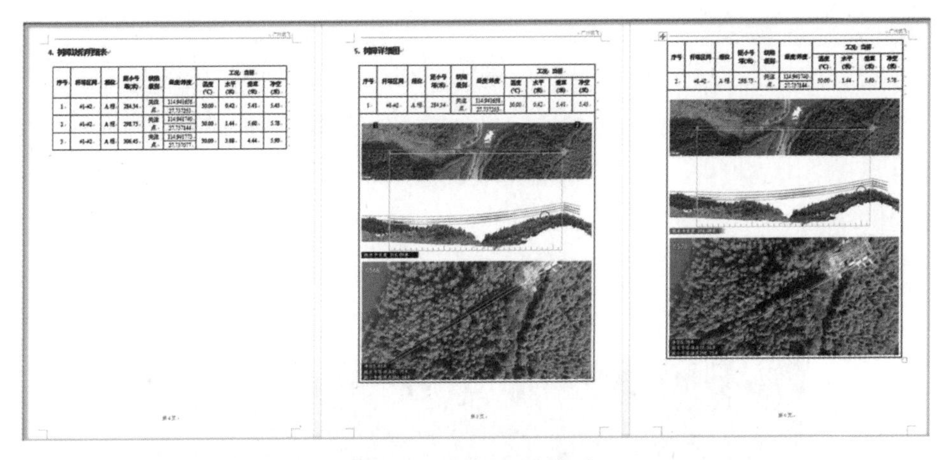

图3-23　Word文档报告

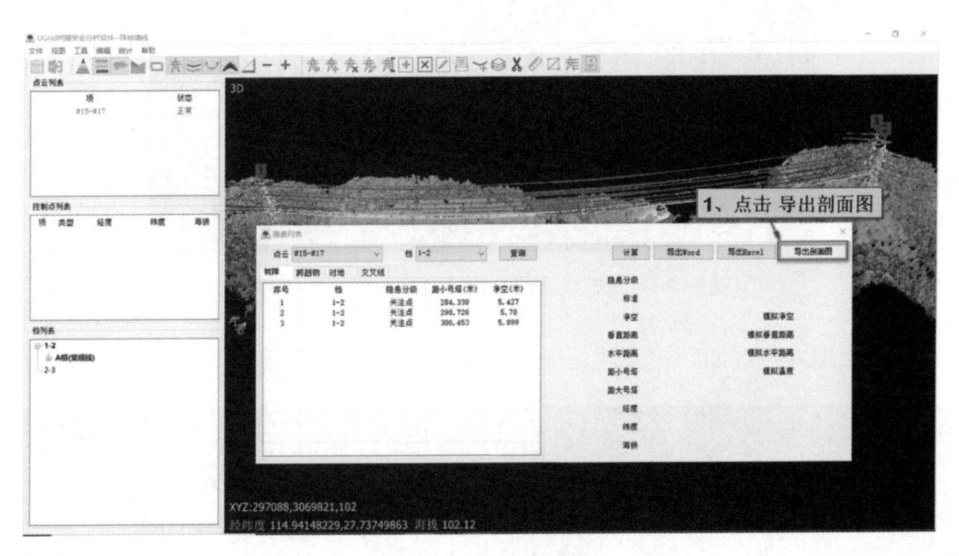

图3-24　导出剖面图

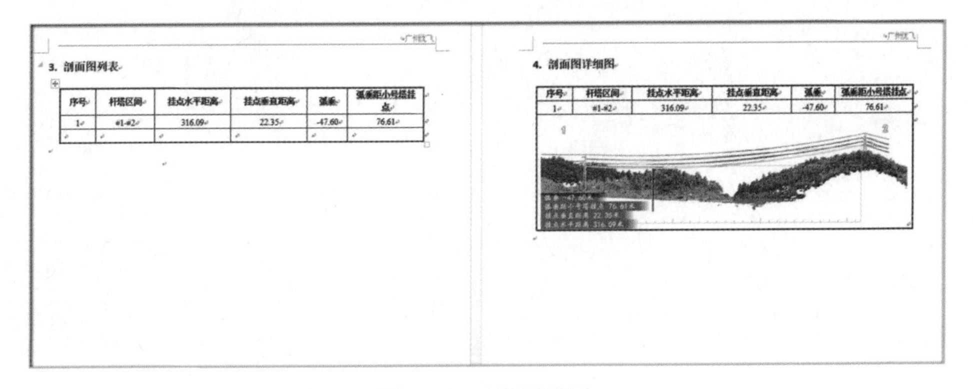

3. 剖面图列表

序号	杆塔区间	挂点水平距离	挂点垂直距离	弧垂	弧垂距小号塔挂点
1	#1-#2	316.09	22.35	-47.60	76.61

4. 剖面图详细图

序号	杆塔区间	挂点水平距离	挂点垂直距离	弧垂	弧垂距小号塔挂点
1	#1-#2	316.09	22.35	-47.60	76.61

图3-25　剖面图报告

3.1.5 缺陷分析

本软件是专门针对输电线路缺陷隐患分析而研发的，能够对航拍照片进行快速分析并且自动生成报告。目前通过日常大数据照片识别学习不断提升识别准确度，降低误识别率。

3.1.5.1 主界面介绍

主界面见图3–26，该账号密码与软件所连接的平台环境的账号密码一致。

图3–26 输电线路缺陷隐患智能分析系统主界面

登录后进入主界面，可新建任务和打开任务，见图3–27和图3–28。

图3–27 任务界面

3.1.5.2 照片识别、缺陷标记

首先将标注缺陷界面看成由①②③④四个区域组成，见图3–29。

巡检任务 - 新建

任务类型 精细化巡检
区段 1-2
巡视类型 状态巡视
飞机型号 精灵4
开始时间 2020-01-20
备注 1
工作任务 1.20测试
负责人 张三
巡检方式 可见光
结束时间 2020-01-20

绑定线路 选择

移除	路线名称	电压等级
移除	测试2线	220kV

保存

图3-28　新建任务

图3-29　缺陷界面

（1）①区，为主要编辑界面，若图片有缺陷，则点击标记图片按钮（或按键盘空格键）在图片上框选缺陷部位所在的范围，然后用矩形或圆形工具将具体部位标示出来并确认；若图片无缺陷，则点击标记无缺陷按钮，系统会自动跳转到下一张图片。

（2）①区，标记完缺陷后可以继续选择缺陷的分类、元件、部位、类型、表象、严重等级、相别、大小号侧、检修方式等组件，选择好之后如果觉得该缺陷组合比较常见，则可以点击常用按钮将这一组合添加为常用（全部和常用可以随时切换）其余缺陷描述/处理意见等选项根据实际情况填写和选择，填写完之后点击保存就可以标记成功，并且该数据会自动同步到对应平台的机巡成果管理→通道缺陷/精细化缺陷管理模块上。

（3）①区，如该照片中的缺陷或者隐患是比较经典的可截图之后右侧勾选保存为案例按钮，当下次选到该缺陷时可点击“查看经典案例”。

（4）①区，若要派发工单，则勾选“发送缺陷工单给”按钮左侧的选框，然后选择对应的班组再点击保存即可（发送成功后可在平台计划任务管理—工单管理中查看，该班组人员也可以在对应人巡App的工单任务中查看并抢单）。

（5）②区，是缺陷隐患历史列表，所有标记的缺陷记录都会在这里显示。

（6）③区，是图片主界面以及一些调整图片的按钮，包括放大、缩小、最大化、截图以及亮度对比度调整。

（7）④区，是图片列表，可以点击任一图片进行编辑，也可以点击上一张/下一张切换图片。

（8）关闭标记图片的窗口，可以看到右边栏的列表颜色发现变化，绿色代表无缺陷标记，红色代表有缺陷标记，淡蓝色表示未标记，见图3-30。

图3-30　关闭标记图片

3.1.5.3　缺陷统计

（1）点击软件主界面功能栏的缺陷统计按钮，可以看到全部标注成功的缺陷/隐患/交跨/其他，见图3-31。

（2）缺陷记录较多时可以通过缺陷的严重等级/缺陷描述/杆塔号来查询缺陷。

（3）可以选择缺陷删除或批量删除，删除缺陷后平台所对应的缺陷记录也会一起删除。

（4）点击导出按钮可以将缺陷导出为Excel文件进行查看。

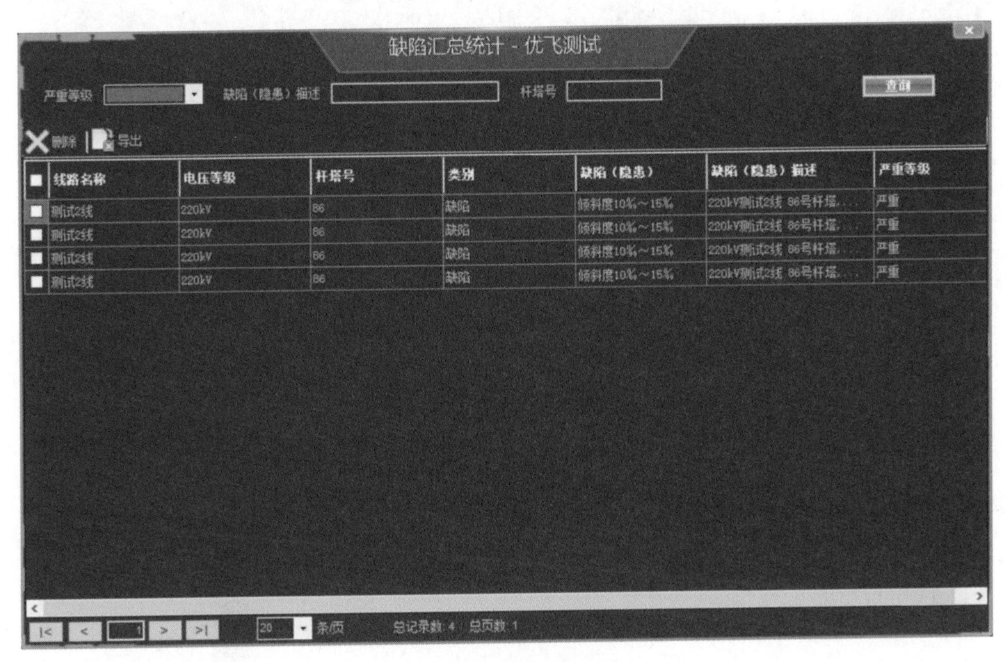

图3-31　缺陷汇总统计

点击功能栏的生成报告按钮，可将全部标记结果生成为Word报告文档进行查看。

3.1.5.4　智能识别分析

智能识别分析功能是利用计算机对巡检照片进行分析和处理，只需要提前设定好所要识别的缺陷种类，系统就可以自动识别出图像中的该类缺陷并标记，能够有效地减少后续人工标记缺陷的工作量。目前准确度仍待提高，技术成熟后将大大提高工作效率。

（1）点击智能识别缺陷列表，会显示所有智能识别出的缺陷。

（2）点击生成报告，会将所有缺陷记录以Word的形式保存在本地巡检任务对应文件夹。

（3）点击导出按钮，可以导出本页数据，见图3-32。

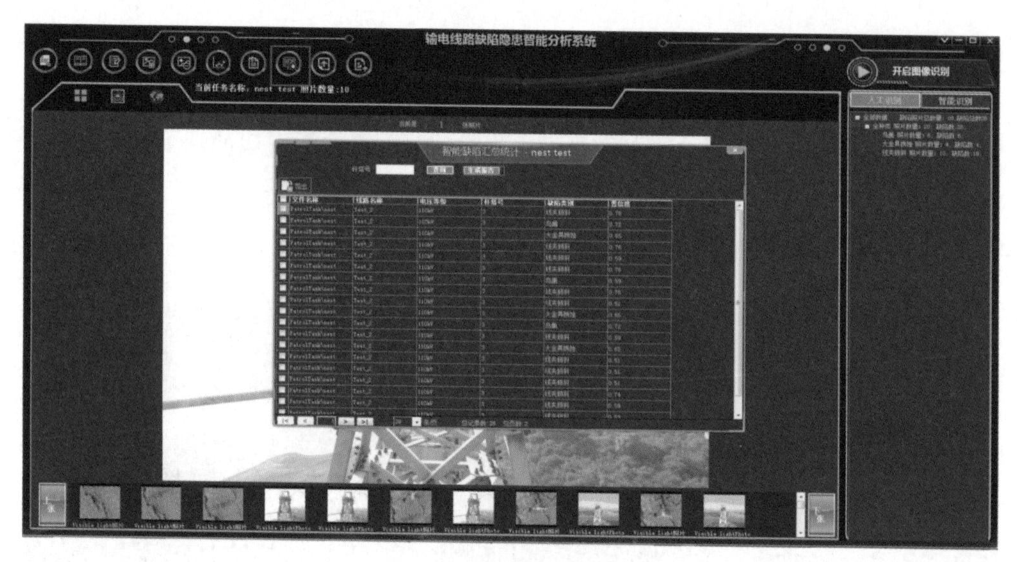

图3–32 导出缺陷数据

3.2 智能库房

智能库房为解决当前输电巡检各层级、各环节面临的问题，助力“机巡+人巡+其他”协同巡检新模式的推广应用，促进输电线路管理向更加智能、高效、精细、经济的方向发展。输电运检中心智能库房主要设备见表3–3。

表3–3 智能库房主要设备

<table>
<tr><th colspan="2">设备名称</th><th>数量</th></tr>
<tr><td colspan="2">移动指挥平台</td><td>1套</td></tr>
<tr><td colspan="2">红外热像仪</td><td>1套</td></tr>
<tr><td rowspan="9">智能库房</td><td>RFID智能硬件</td><td>1套</td></tr>
<tr><td>智能管理平台</td><td>1套</td></tr>
<tr><td>智能环境监控</td><td>1套</td></tr>
<tr><td>显示终端</td><td>1块</td></tr>
<tr><td>精密空调</td><td>1台</td></tr>
<tr><td>无人机存放货架</td><td>1套</td></tr>
<tr><td>智能充电柜</td><td>3套</td></tr>
<tr><td>智能存储柜</td><td>2套</td></tr>
<tr><td colspan="2">移动巡检装置</td><td>50台</td></tr>
</table>

智能库房技术规范满足条件见表3–4。

表3–4　　智能库房技术规范

性能		设备技术规范书要求	供货设备参数	备注
服务器配置	CPU	CPU：主频≥2.26GHz，16核Intel Xeon处理器，三级缓存≥24M，CPU核数×CPU主频≥42GHz	CPU：主频2.26GHz，16核Intel Xeon处理器，三级缓存24M，CPU核数×CPU主频42GHz	满足
	内存	内存（GB）≥64GB	内存（GB）64GB	满足
	磁盘	内置磁盘≥2块，且单盘容量≥200GB固态硬盘	内置磁盘2块，且单盘容量200GB固态硬盘	满足
	网络	10M独立带宽	100M独立带宽	满足并优于需求
智能管理平台	订单管理	根据作业工单通过Web或微信移动端查看所有预约订单信息，包括使用的无人机型号、配件、订单状态、预约时间、使用时间、归还时间、下单人等信息	根据作业工单通过Web或微信移动端查看所有预约订单信息，包括使用的无人机型号、配件、订单状态、预约时间、使用时间、归还时间、下单人等信息	满足
	领用管理	无人机领用管理，是指作业人员需要对无人机进行领用时，系统会根据无人机当前状态，来进行判别是否适合进行领用	无人机领用管理，是指作业人员需要对无人机进行领用时，系统会根据无人机当前状态，来进行判别是否适合进行领用	满足
	归还管理	当无人机使用完毕以后，需要进行归还操作。在归还时，只要将无人机放回至指定的归还位置，系统将根据RFID自动感应，并做归还操作，同时将更新无人机状态为可用状态，并在无人机的RFID标签中增加使用记录	当无人机使用完毕以后，需要进行归还操作。在归还时，只要将无人机放回至指定的归还位置，系统将根据RFID自动感应，并做归还操作，同时将更新无人机状态为可用状态，并在无人机的RFID标签中增加使用记录	满足
	库存盘点	为了确保账物一致，将定期对无人机做盘点操作。即对照无人机台账，一一确认对应无人机所在位置，对于有差异的无人机，要求填明原因，最终确保系统中的所有台账信息与实物完全一致	为了确保账物一致，将定期对无人机做盘点操作。即对照无人机台账，一一确认对应无人机所在位置，对于有差异的无人机，要求填明原因，最终确保系统中的所有台账信息与实物完全一致	满足

续表

性能		设备技术规范书要求	供货设备参数	备注
智能管理平台	试验管理	（1）通过RFID读写器，可自动读出无人机的上次试验时间及下次试验时间，以便管理人员能快速决定是否需送检。对于超期未试验的，要能自动进行报警，报警方式支持如发出提示音等多种形式。 （2）当无人机做完实验后，可通过RFID自动识别无人机并能填写试验结论，并记录相关录入人信息。 （3）试验结束后，系统需将相关信息存储进RFID芯片中，作为历史记录进行保存。 （4）对已经达到试验时限的无人机信息，需要定期地进行提醒，例如进入系统后，系统需要对当前需要试验的无人机的列表进行显示，最终确保无人机能按时的试验，从而确保作业安全	（1）通过RFID读写器，可自动读出无人机的上次试验时间及下次试验时间，以便管理人员能快速决定是否需送检。对于超期未试验的，要能自动进行报警，报警方式支持如发出提示音等多种形式。 （2）当无人机做完实验后，可通过RFID自动识别无人机并能填写试验结论，并记录相关录入人信息。 （3）试验结束后，系统需将相关信息存储进RFID芯片中，作为历史记录进行保存。 （4）对已经达到试验时限的无人机信息，需要定期地进行提醒，例如进入系统后，系统需要对当前需要试验的无人机的列表进行显示，最终确保无人机能按时的试验，从而确保作业安全	满足
	台账查询与报表管理	包含以下功能：查询检索、台账清单、试验记录表、无人机领用记录、无人机追踪记录、无人机报废单管理、无人机问题反馈、报表数据统计、供应商安全管理、供应商资质管理	包含以下功能：查询检索、台账清单、试验记录表、无人机领用记录、无人机追踪记录、无人机报废单管理、无人机问题反馈、报表数据统计、供应商安全管理、供应商资质管理	满足
	预警管理	预警管理的主要目的是，通过信息化手段，对需要进行处理的操作可以提供自动提醒等功能	预警管理的主要目的是，通过信息化手段，对需要进行处理的操作可以提供自动提醒等功能	满足
	移动及微信应用	系统管理员可通过用户管理查看到所有微信注册用户申请，并进行管理审核。如不通过则驳回	系统管理员可通过用户管理查看到所有微信注册用户申请，并进行管理审核。如不通过则驳回	满足
智能充电柜	机柜尺寸（长×宽×高）	650mm×630mm×1387mm	650mm×630mm×1387mm	满足
	工控机屏幕尺寸	10英寸	10英寸	满足

续表

性能		设备技术规范书要求	供货设备参数	备注
智能充电柜	每个充电单元尺寸	450mm × 400mm × 106mm	450mm × 400mm × 106mm	满足
	每个充电单元可同时充电数量	15个，3 × 5布局	15个，3 × 5布局	满足
	屏幕比例	16：9	16：9	满足
	操作系统	安卓Android 5.0	安卓Android 5.0	满足
	屏幕类型	多点电容触摸屏	多点电容触摸屏	满足
	外壳材料	钣金	钣金	满足
	充电单元外壳材料	PC2501FR	PC2501FR	满足
	防火/阻燃等级	V0	V0	满足
	电池存放方式	插立式	插立式	满足
	单个充电功率	100W	100W	满足
	接入电压	220V 50~60Hz	220V 50~60Hz	满足
	最大同时充电电池数量	4 × 15=60	4 × 15=60	满足
	最大同时充电遥控器数量	4	4	满足
	后台系统与充电单元的连接方式	RJ45&WIFI	RJ45&WIFI	满足
	散热方式	通风散热	通风散热	满足
	适用机型电池	PHANTOM 4 PRO电池，DJIIM 600proTB55电池及其配套机型遥控器	PHANTOM 4 PRO电池，DJIIM 600proTB55电池及其配套机型遥控器	满足
	监视器分辨率	全高清屏（FHD）1080 × 1920	全高清屏（FHD）1080 × 1920	满足
	监视器数据接入方式	LAN、WIFI、USB	LAN、WIFI、USB	满足

续表

性能		设备技术规范书要求	供货设备参数	备注
智能充电柜	工控机监视器容量	内存：3GB；存储：32GB	内存：3GB；存储：32GB	满足
	温度传感自动断电功能	具备	具备	满足
	高温保护	50度高温自动断电	50度高温自动断电	满足
	过温保护	充电时，如果电池温度达到50度，充电过程将会停止或无法开始	充电时，如果电池温度达到50度，充电过程将会停止或无法开始	满足
	防火装置	可溶胶自动灭火装置	可溶胶自动灭火装置	满足
	报警方式	现场警报、微信、短信、App移动端报警	现场警报、微信、短信、App移动端报警	满足
	控制方式	远程Web端、移动端、现场工控端	远程Web端、移动端、现场工控端	满足
	平均无故障时间	持续无故障运行不低于1年	持续无故障运行不低于1年	满足
智能存储柜	无人机入库流程	物资供应商登记、制发RFID标签、准进货区验货、无人机分区放置及库位自动推荐、无人机物资查询/统计/查找	物资供应商登记、制发RFID标签、准进货区验货、无人机分区放置及库位自动推荐、无人机物资查询/统计/查找	满足
	无人机发放流程	生成作业工单、生成物资领用清单、后台物资匹配、按出库单清货、物资出库、准出货区验货、发货	生成作业工单、生成物资领用清单、后台物资匹配、按出库单清货、物资出库、准出货区验货、发货	满足
智能环境监控	电气自动控制部分	系统整体以智能云控技术为核心，以嵌入式智能控制箱为系统基层监控中心，云控终端作为库房设备数据采集及控制基本单元，自动感应触屏主机工作站作为人机对话平台，通过高性能工业控制计算机为处理中心，控制运算核心为PLC可编程控制器，运用库房环境测控软件控制库房各项数据功能，电器控制柜电器辅助单元，PnP无线温湿度传感器、加热器、除湿机、越线报警设备、烟感、过热等设备（受控端），综合构成V云智能库房环境集控系统	系统整体以智能云控技术为核心，以嵌入式智能控制箱为系统基层监控中心，云控终端作为库房设备数据采集及控制基本单元，自动感应触屏主机工作站作为人机对话平台，通过高性能工业控制计算机为处理中心，控制运算核心为PLC可编程控制器，运用库房环境测控软件控制库房各项数据功能，电器控制柜电器辅助单元，PnP无线温湿度传感器、加热器、除湿机、越线报警设备、烟感、过热等设备（受控端），综合构成V云智能库房环境集控系统	满足

续表

性能		设备技术规范书要求	供货设备参数	备注
智能环境监控	门禁系统	拟采用西门子门禁系统，并与智能库房管理系统进行交互。该智能门禁系统支持RIFID、指纹、密码、人脸识别多种方式进行解锁	拟采用西门子门禁系统，并与智能库房管理系统进行交互。该智能门禁系统支持RIFID、指纹、密码、人脸识别多种方式进行解锁	满足
显示终端	控制台柜体	钣金	钣金	满足
	控制台表面	进口金属烤漆	进口金属烤漆	满足
	显示屏	LG	LG	满足
	操作系统	Windows 10	Windows 10	满足
	触摸屏	55寸电容触摸屏	55寸电容触摸屏	满足
	分辨率	1208×1024	1208×1024	满足
	主机配置	1037工控主板，8GB内存，320GB固态硬盘	1037工控主板，8GB内存，320GB固态硬盘	满足
RFID智能硬件	读距离	0~8m	0~8m	满足
	写距离	0~3m	0~3m	满足
	盘存标签峰值速度	70张/s	70张/s	满足
	单卡识别时间	<10ms	9ms	满足
	防护等级	IP63	IP63	满足
	功耗	2W（待机状态），10W（工作峰值状态）	2W（待机状态），10W（工作峰值状态）	满足
	尺寸	235mm（长）×235mm（宽）×58mm（高）	235mm（长）×235mm（宽）×58mm（高）	满足
	工作温度	-20~+60℃	-20~+60℃	满足
手持盘点终端	机器尺寸	185mm（长）×87.6mm（宽）×40mm（高）	185mm（长）×87.6mm（宽）×40mm（高）	满足
	重量	442g（含电池）	442g（含电池）	满足
	电池	正常充电：DC变压器12V、DC/2A；快速充电：充电及数据传输座，3h完全充电；完全待机时间：12h；电池使用寿命：2200~2500h	正常充电：DC变压器12V、DC/2A；快速充电：充电及数据传输座，3h完全充电；完全待机时间：12h；电池使用寿命：2200~2500h	满足

续表

性能		设备技术规范书要求	供货设备参数	备注
手持盘点终端	数据线	数据传输线及电源线共3条	数据传输线及电源线共3条	满足
	数据传输底座	可进行数据传输及PDA设备充电	可进行数据传输及PDA设备充电	满足
	显示屏	240×320 TFT彩色触控面板	240×320 TFT彩色触控面板	满足
	RFID读取装置	内置	内置	满足
	中央处理器	要求≥520MH	≥520MH	满足
	闪存	在512MB以上	在512MB以上	满足
	内存	256MB以上内存	256MB以上内存	满足
	键盘	大型背光硬件键盘，可输入汉字、英文、数字	大型背光硬件键盘，可输入汉字、英文、数字	满足
	传输界面	IrDA 1.2（SIR）、USB 2.0、CF Type Ⅰ/Ⅱ slot、PCMCIA Type Ⅱ slot、RS232，传输速度115200 bps	IrDA 1.2（SIR）、USB 2.0、CF Type Ⅰ/Ⅱ slot、PCMCIA Type Ⅱ slot、RS232，传输速度115200 bps	满足
	操作温度	-20～50℃	-20～50℃	满足
	储存温度	-20～60℃	-20～60℃	满足
	湿度	5%~95% RH（非冷凝）	5%~95% RH（非冷凝）	满足
	自动睡眠装置	省电功能，可自动关机进入待机状态	省电功能，可自动关机进入待机状态	满足
	使用寿命	LDS 9962工业型PDA使用寿命为36~40个月，防水、防尘：IP54国际军工级标准防尘防水设计	LDS 9962工业型PDA使用寿命为36~40个月，防水、防尘：IP54国际军工级标准防尘防水设计	满足
设备标签	频率	860~928MHz	860~928MHz	满足
	温度	-10℃±50℃	-10℃±50℃	满足
	有效距离	≤5m	5m	满足
	电子标签	ISO14443，ISO15693	ISO14443，ISO15693	满足
	抗电压干扰能力	≥10000kV	10000kV	满足
	抗电磁辐射	≥300MHz	300MHz	满足
	内部安全机制	嵌入	嵌入	满足

续表

性能		设备技术规范书要求	供货设备参数	备注
设备标签	外部安全机制	安全应用管理支持	安全应用管理支持	满足
	RF调制指标	10%或100%	10%或100%	满足
	工作寿命	≥10年	10年	满足
烟雾报警器	外观整体尺寸	96mm×96mm×47 mm（长×宽×高）	96mm×96mm×47 mm（长×宽×高）	满足
	供电电压/频率	220V±10% 50Hz	220V±10% 50Hz	满足
	烟雾浓度越限值	1000×10^{-6}以内	1000×10^{-6}以内	满足
	温度越限值	50℃	50℃	满足
	ZIGBEE通信方式	IEEE 802.15.4协议	IEEE 802.15.4协议	满足
	ZIGBEE通信频率	2400~2483.5 MHz	2400~2483.5 MHz	满足
	ZIGBEE通信距离	60~90m	60~90m	满足
	ZIGBEE发射功率	19 dBm	19 dBm	满足
	ZIGBEE接收灵敏度	−93 dBm	−93 dBm	满足
	工作环境温度	−20~50℃	−20~50℃	满足
	工作环境湿度	0%~95%RH	0%~95%RH	满足
温湿度传感器	外观整体尺寸	95mm×95mm×49.8mm（长×宽×高）	95mm×95mm×49.8mm（长×宽×高）	满足
	供电电压/频率	220V±10% 50Hz	220V±10% 50Hz	满足
	测量温度范围及精度	量程：−40~80℃，精度±0.5℃	量程：−40~80℃，精度±0.5℃	满足
	测量湿度范围及精度	量程：0~100%RH，精度±5%	量程：0~100%RH，精度±5%	满足

续表

性能		设备技术规范书要求	供货设备参数	备注
温湿度传感器	测量温度范围及精度	量程：-55℃~125℃，精度 ±0.5℃（室外）	量程：-55℃~125℃，精度 ±0.5℃（室外）	满足
	ZIGBEE通信方式	IEEE 802.15.4协议	IEEE 802.15.4协议	满足
	ZIGBEE通信频率	2400~2483.5MHz	2400~2483.5MHz	满足
	ZIGBEE通信距离	60~90m	60~90m	满足
	ZIGBEE发射功率	19dBm	19dBm	满足
	ZIGBEE接收灵敏度	-93dBm	-93dBm	满足
	工作环境温度	-20~50℃	-20~50℃	满足
	工作环境湿度	0%~95%RH	0%~95%RH	满足
烘干加热设备	外观整体尺寸	720mm×455mm×130mm	720mm×455mm×130mm	满足
	供电电压/频率	220V±10% 50Hz	220V±10% 50Hz	满足
	功率	≥1kW	1kW	满足
	负载类型	额定电压：AC 220V±10% 额定电流<16A	额定电压：AC 220V±10% 额定电流15A	满足
	加热器类型	电热丝	电热丝	满足
	ZIGBEE通信方式	IEEE 802.15.4协议	IEEE 802.15.4协议	满足
	ZIGBEE通信频率	2400~2483.5MHz	2400~2483.5MHz	满足
	ZIGBEE通信距离	60~90m	60~90m	满足
	ZIGBEE发射功率	19dBm	19dBm	满足

续表

性能		设备技术规范书要求	供货设备参数	备注
烘干加热设备	ZIGBEE接收灵敏度	-93dBm	-93dBm	满足
	继电器开关寿命	开关次数>100000次	开关次数110000次	满足
	工作环境温度	-20~50℃	-20~50℃	满足
	工作环境湿度	0%~95%RH	0%~95%RH	满足
工业自动除湿机	外观整体尺寸	600mm × 395mm × 330mm	600mm × 395mm × 330mm	满足
	除湿量	≥ 100L/D	100L/D	满足
	供电电压/频率	220V ± 10% 50Hz	220V ± 10% 50Hz	满足
	负载类型	A额定电压：AC 220V ± 10% 额定电流<10A	A额定电压：AC 220V ± 10% 额定电流9A	满足
	除湿机类型	压缩机除湿	压缩机除湿	满足
	ZIGBEE通信方式	IEEE 802.15.4协议	IEEE 802.15.4协议	满足
	ZIGBEE通信频率	2400~2483.5MHz	2400~2483.5MHz	满足
	ZIGBEE通信距离	60~90m	60~90m	满足
	ZIGBEE发射功率	19dBm	19dBm	满足
	ZIGBEE接收灵敏度	-93dBm	-93dBm	满足
	继电器开关寿命	开关次数>100000次	开关次数110000次	满足
	工作环境温度	-20~50℃	-20~50℃	满足
	工作环境湿度	0%~95%RH	0%~95%RH	满足
	测量参数	电压、电流	电压、电流	满足
	负离子空气净化功能	有	有	满足

续表

性能		设备技术规范书要求	供货设备参数	备注
自动灭火装置	灭火类型	热气溶胶	热气溶胶	满足
	规格型号	QRR0.1G/K	QRR0.1G/K	满足
	充装量	0.1kg	0.1kg	满足
	有效保护空间	$< 1m^3$	$0.9m^3$	满足
	启动温度	启动温度	启动温度	满足
	启动方式	启动方式	启动方式	满足
	保质期	五年	五年	满足
精密空调	总冷量（kW）	≥18	18	满足
	显冷量（kW）	≥17	17	满足
	风量（m^3/h）	≥5000	5000	满足
	状态数据能与系统平台无缝对接	具备	具备	满足
	衡温衡湿功能	具备	具备	满足
无人机存放货架	无人机存放货架	存放无人机设备	存放无人机设备	满足

3.2.1 项目介绍

通过本智能库房项目的建设，梳理出基于无人机一体化管理的标准，达到质量、成本和效率的综合效益最佳，实现集约、规范、高效的无人机智能库房管理职能战略目标。制定应对措施及优化方案，科学规划电网无人机仓储管理，创新仓储管理模式，提高无人机仓储管理水平。无人机智能库房系统组成见图3–33，智能库房部署内外网功能差异见表3–5。

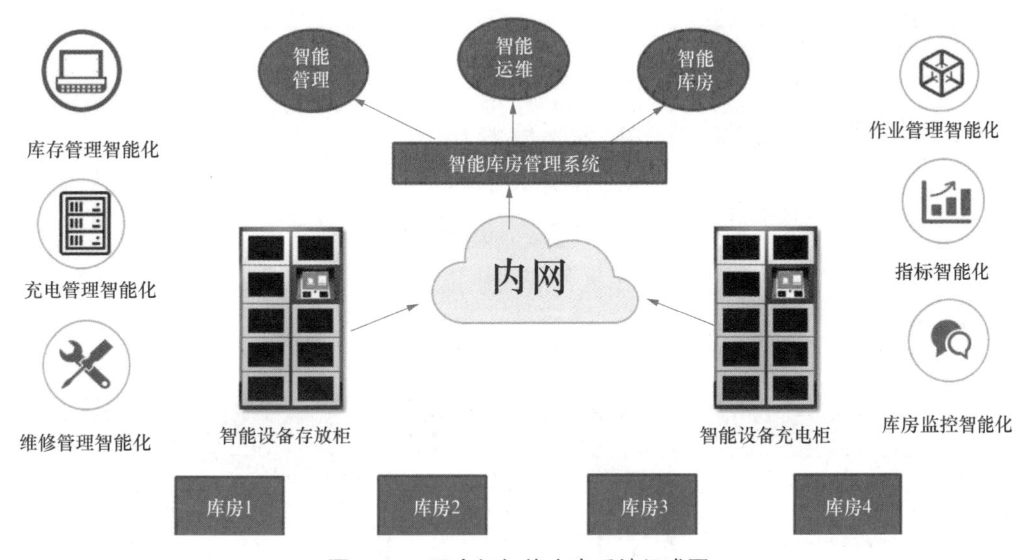

图3-33　无人机智能库房系统组成图

表3-5　智能库房部署内外网功能差异表

功能类别	功能名称	内网部署	外网部署
业务管理	智能库房总览	√	√
	入库管理	√支持自动获取工单	√支持人工进行工单录入
	出库管理	√	√
	检修管理	√	√支持检修方跟踪
	配置管理	√支持自动获取人员组织信息	√支持人工录入人员组织信息
库房环境监视	库房环境监视	√	√
库房设备盘点	库房无人机详情	√	√
	库房部件详情	√	√
	库房电池详情	√	√
	库房充电柜详情	√	√
	库房存储柜详情	√	√
统计查询	出入库统计查询	√	√
	无人机及部件台账统计查询	√	√
	供应商统计查询	√	√
	维修商统计查询	√	√
	维修订单统计查询	√	√

3.2.2 库房制度上墙

根据无人机使用流程及标准，输电运检中心制订了无人机出入库管理方法、无人机电池出入库管理规定、无人机库房管理原则、无人机库房管理职责、无人机巡检作业流程等制度，并制作成展板上墙，对无人机使用人员在取用、使用、归还上进行了标准化操作指导。输电运检中心无人机管理制度见图3-34。

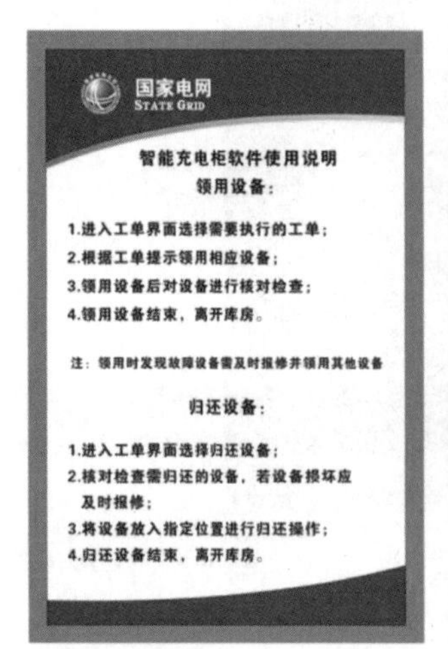

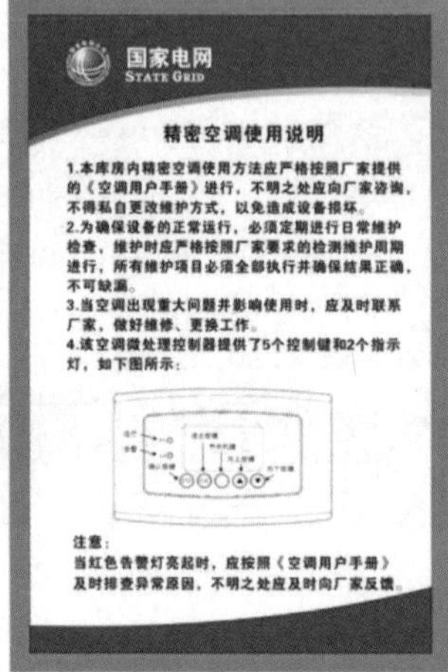

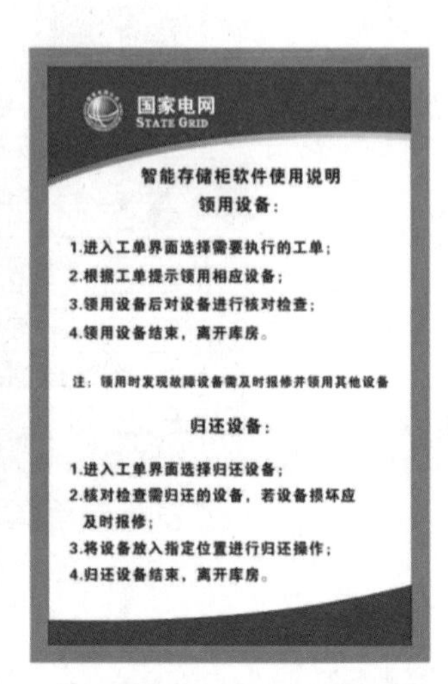

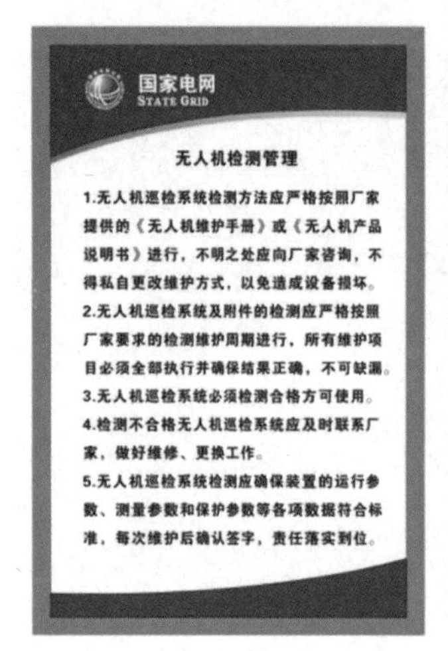

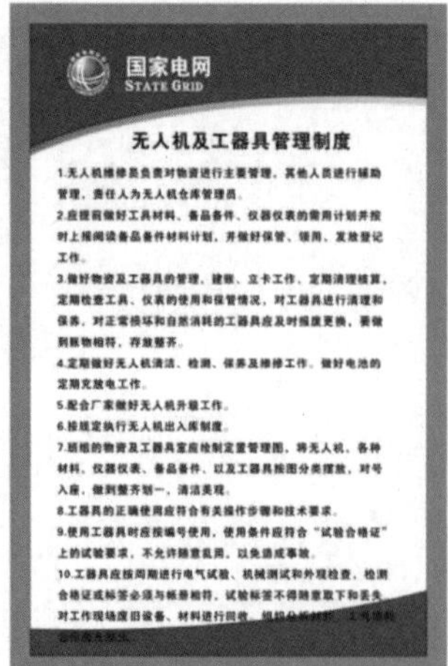

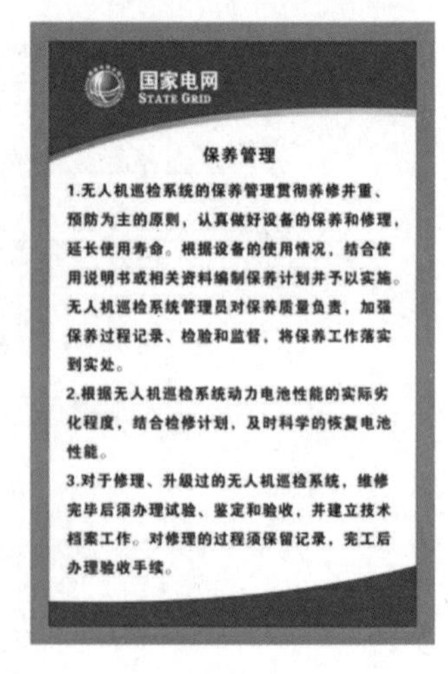

图3-34 输电线路无人机管理制度

3.3 移动指挥平台

移动指挥平台即电力无人机指挥车是在上汽大通V80轻型客车的基础上改制而

成。车厢内设置有机柜、操作台、会议桌、电视墙等；车顶部加装了曲臂式升降照明灯、云天摄像机、增益天线等；尾部加装了不锈钢爬梯。原车的底盘、电气、操纵系统与上汽大通汽车有限公司提供的同类产品完全相同，因而改制后的产品保证了原车的基本性能。移动指挥平台满足以下要求：

（1）设备具有防静电系统。

（2）设备具有4G数据传输系统。

（3）移动指挥平台内部安装有摄像头和倒车后视系统。

（4）可运输微型、小型、中型无人机及固定翼无人机。

（5）可搭载UPS与汽油发电机，具备12V、24V、220V等多种电源接口。

（6）具有地理信息显示与定位功能。

（7）具有远程可视化指挥功能：具备视频会议功能，将无人机采集画面实时回传到指挥中心或数据中心。

移动指挥平台架构图见图3-35。

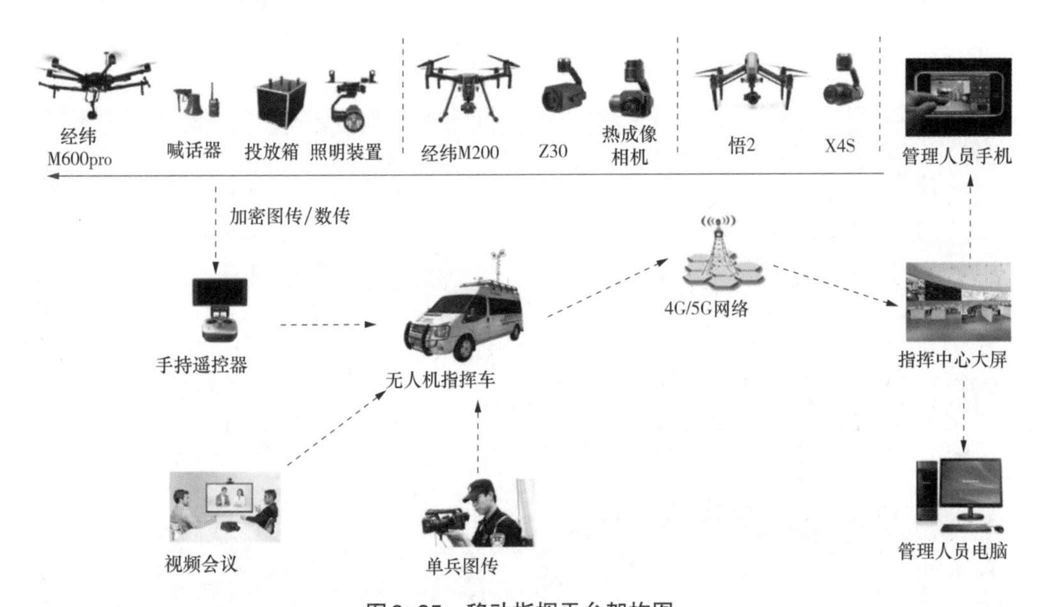

图3-35　移动指挥平台架构图

电力无人机指挥车设计具备功能见图3-36。

移动指挥车隔断墙示意图、平台俯视图及外观图见图3-37~图3-39。

移动指挥平台由主体车辆、电源系统、照明系统、图像采集传输系统、现场办公平台、辅助系统等模块组成。各模块具有的功能如下：

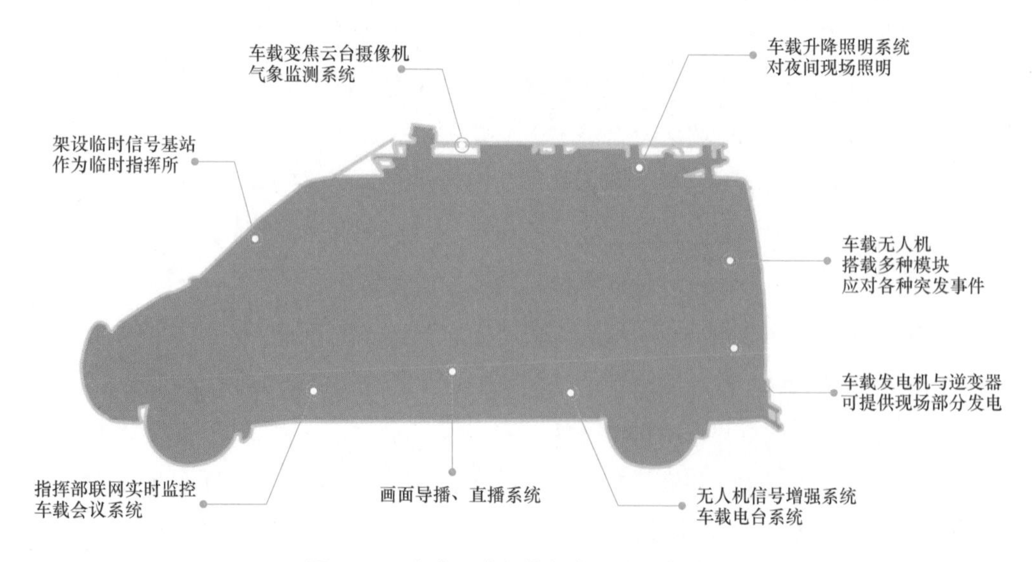

图3-36　电力无人机指挥车设计具备功能

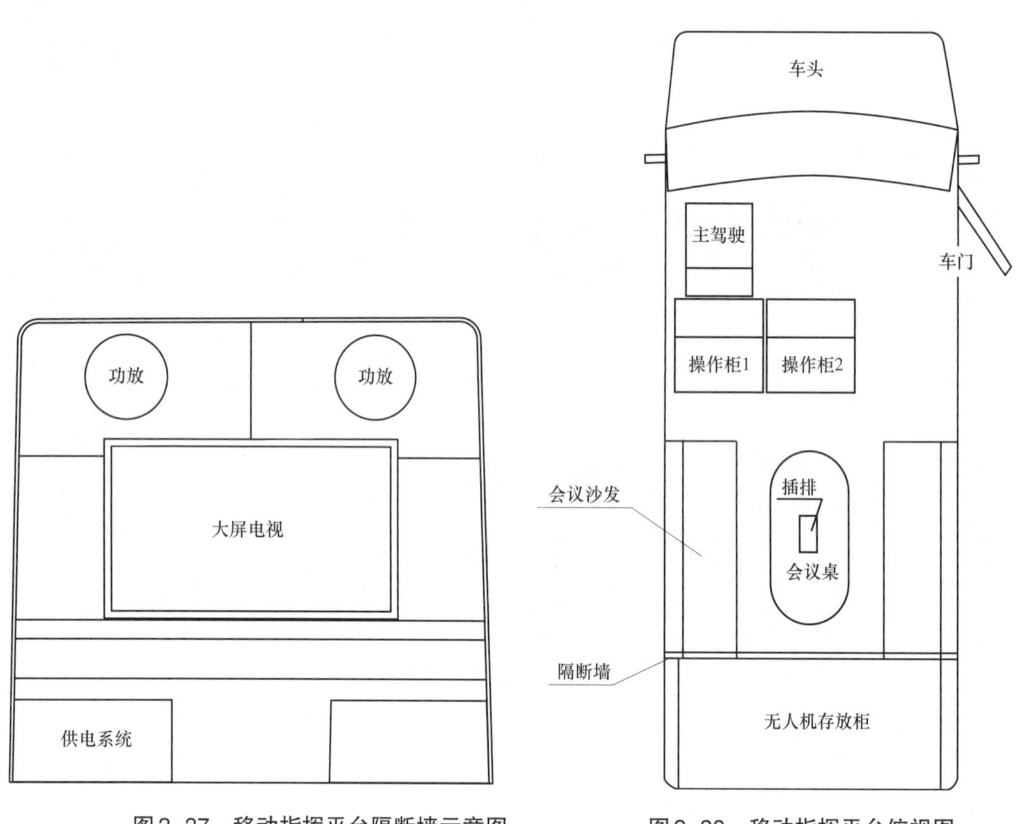

图3-37　移动指挥平台隔断墙示意图

图3-38　移动指挥平台俯视图

图3–39　移动指挥平台外观图

3.3.1　主体车辆

（1）可运输微型、小型、中型无人机及固定翼无人机。

（2）可安装无人机信号增强系统和车载电台系统。

（3）可搭载UPS与汽油发电机，具备12、24、220V等多种电源接口。

3.3.2　电源系统

（1）整车电气线束导通率100%，耐高低温，耐振动，阻燃，静音。车内线束采用静音绒布胶带缠裹，线卡固定。车外线束外部加装波纹管（蛇皮管），波纹管两端添加防水处理，保证线束没有电缆裸露。车内线束与车外线束交汇处添加防水盒，防护等级IP65以保证车体防水。车内线材使用BVR软线不易断折，使用寿命长。

（2）采用3000W正弦波逆变器，可在储能电池优先和市电优先两种模式间任意切换。选用数字隔离变压器，抗干扰磁环，加装输入保护器和过流保护器；采用纯铜接线端子、智能一吹一抽静音风扇，导热和散热功能提升；智能UPS瞬间切换，持续长时间不间断带载。故障率低，性能提升120%；转化率高，空耗低至10W，省电，功率强劲，带载电机类感性负载；输出波形为正弦波，延长用电设备的使用寿命。

（3）通过控制UPS的开启与关闭，可实时监测UPS工作状态，可准确显示电源电量、转换电压、输入电压、错误报警等情况。

3.3.3 照明系统

（1）车顶电动升降照明灯（见图3–40）。移动指挥平台使用车载式全方位夜间照明系统，该系统具有手动远程控制、无线远程控制、自动复位等功能，操作使用方便，功率大，亮度高，照射范围广，射程远等特点。照射范围达100~200m^2，照射距离150m，流明度20000流明以上，可在黑暗条件下获得良好的照明状态。

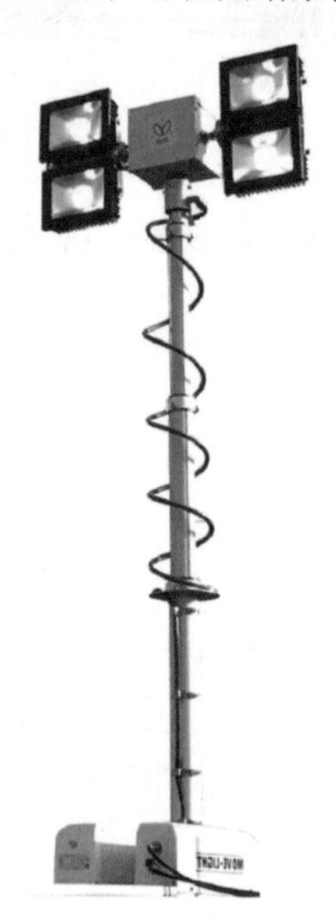

图3–40 车顶电动升降照明灯

（2）车内照明使用专用车载LED灯。光线柔和稳定不晃眼。款式美观可与车身混为一体。

3.3.4 图像采集传输系统

（1）使用4G传输模块。移动、联通、电信三网共传图像传输系统，无线图传系统及可视指挥系统，带主机、中继器，提高了数据传输带宽，视频效果清晰流畅。将指挥车采集的视频信号进行整合与录制，可达成视频信号传输至指挥中心。

网络升级后可升级5G传输。

（2）使用16路千兆网络交换机。

（3）使用8路图像HDMI矩阵，采用高速数字交换技术，完美解决串扰、重影与拖尾现象，HDCP兼容——确保有内容保护的媒体能正常显示与其他HDCP兼容设备的协调使用；支持信号时序重整，CEC，36位真彩技术。手动切换、可遥控器控制切换、也可升级为用手机App控制屏幕切换。

（4）采用42寸工业级液晶监视器，1920×1080高清画面，3D数字降噪，能够降低弱信号图像的躁波干扰，显示出比较纯净细腻的画面。178°无死角可视屏幕，全方位展示。监控器内设AR防眩光涂层，画面柔和不伤眼，有效减少75%有害射线。实时反映车外现场情况，供现场指挥决策。

（5）安装有HDMI/AV接口（带HDCP功能），可录制云台摄像机、电脑、图传、无人机航拍图像等各种HDMI信号源，将巡检中采集到的视频进行截图和录制，支持TF卡/U盘/移动硬盘以1080P60FPS码率实时存储，最大支持4TB存储。

3.3.5 现场办公平台

现场办公平台由真皮座椅和高清视频摄像机组成。使用高清智能芯片，可提供高品质1080P图像画质，3D降噪画质清晰无噪点。采用自动增益控制方式、防水防震设计。具有多倍变焦、全方位旋转、超大广角等优良功能。

3.3.6 辅助系统

移动指挥平台安装有车载音响、机柜室功放机和倒车后视系统。

移动指挥平台使用时需要注意以下事项：

（1）尽量使指挥车远离潮湿源、腐蚀源。

（2）尽量使指挥车远离低温。

（3）使用完毕后，检查车顶设备是否复原，车顶设备必须倒伏放置。

（4）使用完毕后，检查车内设备是否复原，车内设备必须断电后方可离开。

（5）使用后需为车内蓄电池充电，充电时间根据用电情况及电量显示情况决定。

（6）定期为车内蓄电池充电，即便没有使用也需要15天左右为车辆充电一次（充电时间在2~10h）。

（7）定期对车辆进行清洗及保养，清洗车顶设备时，避免高压水枪对设备的直射。

（8）使用汽油发电机供电时，必须保证接电牢靠，不可虚接。

（9）第一次使用汽油发电机时，必须加满机油，否则会造成设备损坏。

（10）在车间使用机柜插座时，不可接入短路的用电设备，不可使用大功率的用电器。

3.4 不间断巡检机巢

随着线路运行年份增加，老旧线路不断增多，输电线路通道环境日益复杂多变，机械外破、树竹、异物等隐患无处不在，加上投运线路杆塔高，部分地区河网密集导致地面巡视人员巡视效率不高，通道内隐患难以第一时间发现。传统输电运行管理模式与传统巡检技术已无法满足精益化运维管理的要求，需不断创新运维技术和运维模式，随着无人机巡检技术在输电线路运维中的快速发展，并通过近几年的技术应用和成功评估，已成为输电线路巡检的重要手段，可提升运维效率和质量，缓解运维人员不足。通过无人机自主巡检技术、机巢式无人机不间断巡检技术、通道隐患和设备缺陷图像识别技术应用，将无人机人工操作转变为一键起飞自动巡检，将以杆塔为单位的巡检转变为以段为单位的通道巡检，减少数据分析工作量，在线路日常巡视、电网风险预警保电等方面大大提升通道巡视效率。

3.4.1 技术原理

（1）人机协同，数据互通。智能运检管控平台主要模块见图3–41。

图3–41 智能运检管控平台主要模块

（2）航线规划，自主巡视。新增航线任务，添加航飞的线路杆塔，一键起飞，航飞过程实时观察各杆塔的当前状态，实时监控各部件运作情况。新建航线任务见图3–42。

（3）影像回传，隐患及时发现。影像回传见图3–43。

（4）缺陷分析快速分类，见图3–44。

新建航线任务
航线类型
任务名称[-]:
原路返回
固定航高
起飞机巢[-]:
××电力园区机巢
出站航线[-]:
123
降落机巢[-]:
××电力园区机巢
入站航线[-]:
123
飞行速度:
距塔顶高度:
50
云台角度:
拍照间隔:
2
线路信息
添加
线路名称
杆塔区间
航线长度
距上航段距离
操作
线路名称:
××线
杆塔区间:
001#
037#
载入
航点信息
杆塔编号
杆塔类型
学习情况
精细化
跳过杆塔
显示航线
018#
019#
020#
021#
022#
023#
024#
025#
026#
027#
028#
029#

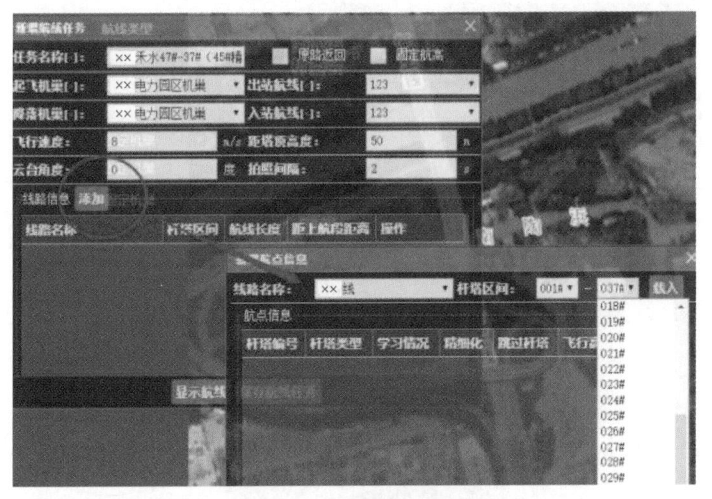

图3–42　新建航线任务

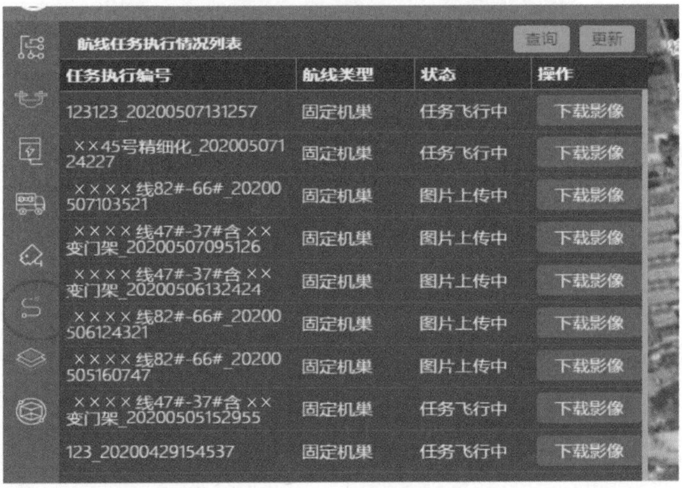

航线任务执行情况列表
查询
更新
任务执行编号
航线类型
状态
操作
123123_20200507131257
固定机巢
任务飞行中
下载影像
××45号精细化_20200507124227
固定机巢
任务飞行中
下载影像
××××线82#-66#_20200507103521
固定机巢
图片上传中
下载影像
××××线47#-37#含××变门架_20200507095126
固定机巢
图片上传中
下载影像
××××线47#-37#含××变门架_20200506132424
固定机巢
图片上传中
下载影像
××××线82#-66#_20200506124321
固定机巢
图片上传中
下载影像
××××线82#-66#_20200505160747
固定机巢
图片上传中
下载影像
××××线47#-37#含××变门架_20200505152955
固定机巢
任务飞行中
下载影像
123_20200429154537
固定机巢
任务飞行中
下载影像

图3–43　影像回传

巡视数据快速分类　　标记缺陷

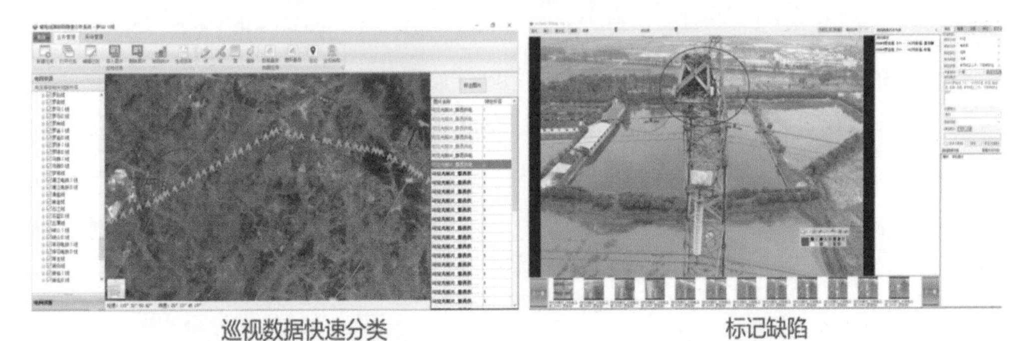

✓ 快速完成数据的分类、命名，快速标识缺陷隐患、自动生成缺陷报告；

✓ 内置标准缺陷库，提高缺陷报告制作的效率和成果规范化水平；

✓ 分析成果直接共享至输电运检管控系统。

图3–44　缺陷分析快速分类

3.4.2 无人机机巢及U880无人机简介

（1）机巢概述。无人机机巢包括充电桩、气象站和数据传输模块，实现自动充电、气象监控、安全防护、状态监控、实时通信和数据自动传输等功能（见图3–45）。当无人机完成单架次的巡视任务回到无人机机巢后，即可快速自主回传巡视的原始照片，共享至缺陷隐患智能分析模块进行巡检图像缺陷自动分析和判别。

图3–45 无人机机巢

机巢与U880无人机一起构成的无人值守系统平台，是一款为无人机智能作业定向研发的一体化设备，配合无人机完成无人值守任务，并为无人机提供完整的后勤准备工作和辅助任务，是无人值守系统中不可缺少的一部分，严格按照长期野外静置的设备开发的，设备防水、防潮、恒温，加强的结构具有一定的防拆除、防移动、防雷电，内部使用模块化设计，方便后期维护、拥有无人机辅助降落平台，保证无人机通过视觉、RTK定位的方式安全降落、拥有气象监测和分析功能，配备独立应急电源，即使突然出现断电情况，也能保证机巢的正常使用，为无人机安全降落和执行任务的安全性保驾护航、拥有为无人机自动充电和上传数据到指挥中心的功能，辅助控制中心保养维护无人机和数据提取。

产品工作流程见图3–46。

（2）U880无人机简介。U880无人机是由飞管计算机、2000万高像素云台相机、RTK定位系统、遥控器，以及配套使用的PC控制系统等组成，配备两块具有快速充放的超大容量电池，保证飞机超过50min的作业能力，见图3–47。

起飞流程

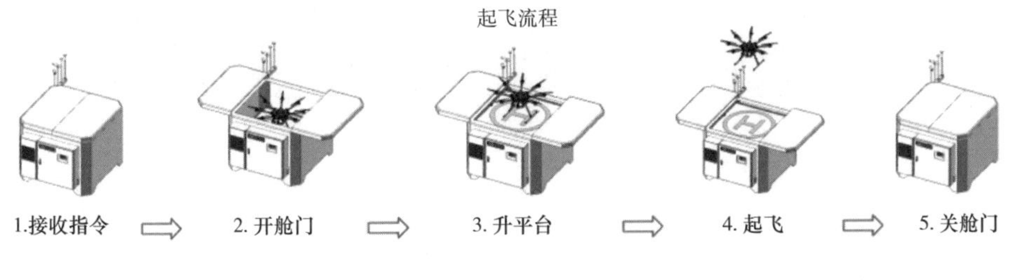

降落流程

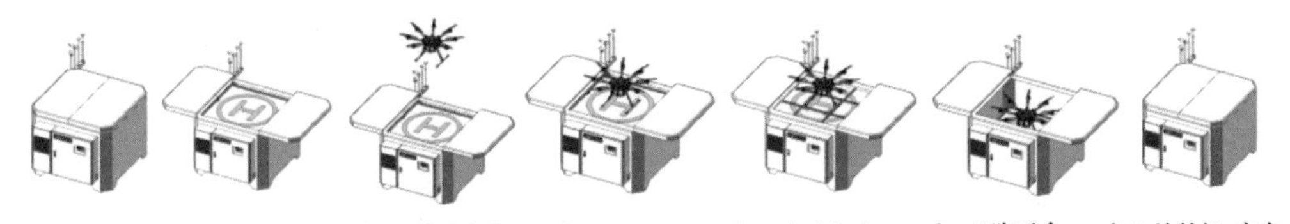

图3–46　无人机机巢工作流程

技术参数见表3–6。

表3–6　　　　　　　　　　　　无人机机巢技术参数

名称	参数
输入电源	AC220V
外形尺寸	1.690m × 1.850m × 1.40m（参考）
最大机型尺寸	1.3m × 1.3m × 0.55m
设备材质	铝合金/不锈钢
设备重量	700kg（参考）
防护等级	IP54
工作温度	–25 ~ 65℃
舱内温度	25℃
电气防护	欠压、过压、过流保护
停机坪尺寸	1.3m × 1.3m
平台负重	≥ 75kg
无人机降落误差	≤ 30cm
开仓方式	顶部两侧开合
归中精度	≤ 2mm
控制方式	本地+远程

续表

名称	参数
功耗	4000W（峰值）/ 500W（平均）
安防功能	防拆除，需远程授权开启机巢
通信接口	10/100/1000自适应RJ45接口
维护周期	6个月
安装方式	混凝土浇筑地面四点定位
模块化	可扩展无人机辅助定位、气象仪、摄像头、照明灯、UPS、无人机自动充电装置等模块

图3–47　U880无人机

机载飞管计算机，由4颗ARM Cortex–A9处理器组成，主频高达1.2GHz，同时还搭载2GB DDR3运行内存和16GB EMMC存储空间，具备强大的运算能力。此外内置4G模块，可支持中国移动、中国电信和中国联通。通过4G通信，用户可实现对无人机的超远程控制、集群控制、远程实时监控等功能。

高像素云台相机，是一款轻量化、高像素、可更换镜头的网络输出三轴增稳云台相机，内置大尺寸传感器，最大可达2010万像素。吊舱全重335g（不含镜头、减振快拆），采用快拆设计方便整机的运输以及维护。

RTK定位系统，结合千寻网络版基站可以提供厘米级精度的定位，同时双天线的配置为飞控准确定向，可提供强大的抗电磁干扰能力，在高压线、金属建筑等强磁干扰的环境下保障可靠的飞行。

U880飞行器参数见表3–7。

云台相机参数见表3–8。

表3–7 U880飞行器参数

项目		参数
轴距		880mm
整机尺寸（不含桨叶）		664mm × 664mm × 410mm
桨叶		533mm × 178mm
起飞重量		7500g
最大起飞质量		10000g
有效载荷		2500g
最大续航时间		58min
充电时间		30min
最大平飞速度		18 m/s
最大上升速度		5 m/s
最大下降速度		3 m/s
悬停精度（固定解精度）	水平	± 0.01m
	垂直	± 0.02m
最大倾斜角度		45°
最大偏航速度		150° /s
工作温度		–10~50℃

表3–8 云台相机参数

项目	参数
工作电压	12~25V
功率	＜8W
质量	335g（不含镜头、减震板） Sony 16mm镜头 65g（标配）
尺寸（长宽高）	175mm × 100mm × 162mm
工作温度	–10° ~ 60°
存储温度	–20° ~ 70°
角度抖动量	± 0.008°
可控制转动范围	俯仰：+70° ~ –90°；航线 ± 160°
结构设计范围	俯仰：+75° ~ –100°；航线 ± 160°

续表

项目	参数
最大控制速度	俯仰：120° /s；航向 180° /s
感光元件	Exmor APS HD CMOS 画幅（23.2mm × 15.4mm）
有效像素	2010万像素
图像分辨率	3：2 L（20M）：5456 × 3632 M（10M）：3872 × 2576 S（5M）：2736 × 1824 16：9 L（17M）：5456 × 3064 M（8.4M）：3872 × 2176 S（4.2M）：2736 × 1536
高清摄像	全高清（1920 × 1080）
可选配镜头	E 卡口系列镜头 Sony E16–50mm 变焦镜头 Sony E35mm 定焦镜头 Sony E30mm 定焦镜头 Sony E20mm 定焦镜头 Sony E16mm 定焦镜头（标配）
快门类型	电子控制纵走式焦平面快门
快门速度（秒）	[静态影像]：30–1/4000 s [动态影像]：自动（最高达 1/30 s）
曝光	智能自动，增强自动，程序自动曝光（P），光圈优先（A），快门优先（S）
曝光补偿	± 3EV（1/3EV 步长）

3.5　其他新技术新设备及创新应用

3.5.1　无人机培训基地

为规范输电运检中心无人机实训、无人机设备的使用和管理，中心建设了无人机培训基地，并制定培训场地管理办法，充分、高效地发挥现有实训设备、设施的作用。

无人机实训场地的具体日常使用和管理由场地管理人员负责，工作内容包括场地、设备的日常管理，完成场地、设备日常维护、实训准备、使用管理、安全检查、编制场地建设计划及材料、工器具计划等工作任务。实训过程中，无人机实训指导老师要随时纠正学员不规范操作，随时注意无人机设备、设施运行状况，无人机实训场地管理人员应对设备、设施使用情况进行不定期抽查，及时制止违规行为。实训任务完成时，无人机实训指导老师与场地管理人员进行设备、设施检查交接，并将实训中设备、设施消耗和损坏情况在场地、设备确认书上注明。

3.5.2 变电站无人机巡检

随着电网规模的不断壮大，电力系统对供电可靠性的要求也在不断提高。变电设备巡检作为保证系统安全稳定运行的一项重要工作，也逐步进入智能化时代。目前变电站内的巡检方式主要包括人工巡检、机器人巡检、工业视频监控及各类辅控设施等。其中人工巡检主要针对主设备运行状况、各类表计抄录、监控后台光字告警情况进行巡检；机器人主要负责一次设备的测温及各类表计识别，与人工巡检互补，可进行差异化巡检，减轻运检人员巡检压力；工业视频负责部分重要场所与设备外观的实时监控；辅控设施主要对室内温湿度、空气中SF_6含量、空调运转情况等进行监控。

目前的巡检方法受变电设备高度等限制，还存在着不足之处，而无人机巡检由于飞行高度较高，视角更广阔，不受设备高度限制，能够覆盖地面巡检死角，帮助运检人员更加全面的掌握变电设备运行工况。同时相较于常规人工登塔巡视，巡检效率也大大提升，并减少了安全事故发生率，降低人工劳动强度。

巡检设备拍摄示例及要求见表3-9。

表3-9 巡检设备拍摄示例及要求

序号	采集部位	图像示例	拍摄要求	反映内容
1	500kV避雷器A		俯拍45°拍摄螺母一侧	（1）避雷器均压环外观 （2）顶端连接板螺母 （3）连接器外观

续表

序号	采集部位	图像示例	拍摄要求	反映内容
2	500kV 避雷器 B		俯拍45° 拍摄螺母一侧	（1）避雷器均压环外观 （2）顶端三角连接板螺母 （3）连接器外观
3	220kV 避雷器		正对连接板直角处拍摄两端螺母	（1）避雷器均压环外观 （2）顶端直角连接板螺母 （3）连接器外观
4	500kV 电压互感器A		横向俯拍 0°~45° 角拍摄螺母一侧	（1）电压互感器均压环外观 （2）顶端圆形连接板螺丝螺母 （3）连接器外观

续表

序号	采集部位	图像示例	拍摄要求	反映内容
5	500kV电压互感器B		横向侧拍螺母一侧； 拍摄线夹下螺母	（1）电压互感器均压环外观 （2）线夹周边螺母 （3）连接器线夹外观
6	220kV电压互感器		横向侧拍连接板螺母一侧	（1）电压互感器顶部外观 （2）电压互感器连接板螺母
7	阻波器		由上至下俯拍	（1）连接板螺母 （2）阻波器顶部外观
8	独立避雷针		每层法兰环正反面各一张	（1）法兰环螺母 （2）焊接处外观

续表

序号	采集部位	图像示例	拍摄要求	反映内容
9	构架避雷针		（1）每层法兰环正反面各一张 （2）门型构架处由上至下俯拍	（1）法兰环螺母 （2）焊接处外观 （3）门型构架外观

3.5.3 N架无人机机群作业

本技术基于Ugrid机群控制软件，可实现一键起飞N架无人机同时进行作业。目前已试验一键启动两架无人机，飞行全过程不需要人工干预，作业人员通过机群控制中心下达巡检航线，无人机在完成自检后按照预先设定的任务自主起飞，自主智能完成精细化巡检和通道巡检。其中一架无人机对杆塔地线、绝缘子、金具、销钉等进行近距离高清拍照，另一架在杆塔上方50m对线路走廊进行间隔拍照，两架无人机完成巡检任务后，自动精准返回至起飞点。此外，可结合无人机移动指挥车进行远程画面回传，通过机群控制中心切换两架无人机的实时画面，作业人员能够更直观、更迅速地判别杆塔及通道隐患。

机群巡检模式大大提高了作业效率，同时依靠高精度RTK定位，降低了对操作人员的巡检技术要求，新手也能同时驾驭多架无人机。此外，在网络允许的前提下，能实现“一对多”机群巡检，一次巡检时间完成多个巡检任务，效率更高，在日后5G应用成熟的趋势下更为明显。

3.5.4 无人机移动作业车

本移动作业车是将“小型机巢”加装至日常巡检车中，实现车辆两侧门一键自动开启及关闭、无人机起飞降落充电全过程管控，具体功能如下：

（1）作业车厢两侧门一键自动开启、关闭。

（2）具备4架精灵4RTK无人机起飞、降落平台空间。

（3）具备逆变器电源能够保证一天航飞任务的电力供应以及工作站的电力供应。

（4）车辆具备RTK/普通GPS的定位能力，可以随时刷新车辆位置定位飞机的返航降落点。

（5）具备4G、微波信号增强放大设备，在野外工作保证信号的畅通。

（6）车载工作站拥有航线规划基本的数据处理能力。

空间分配说明见图3-48。

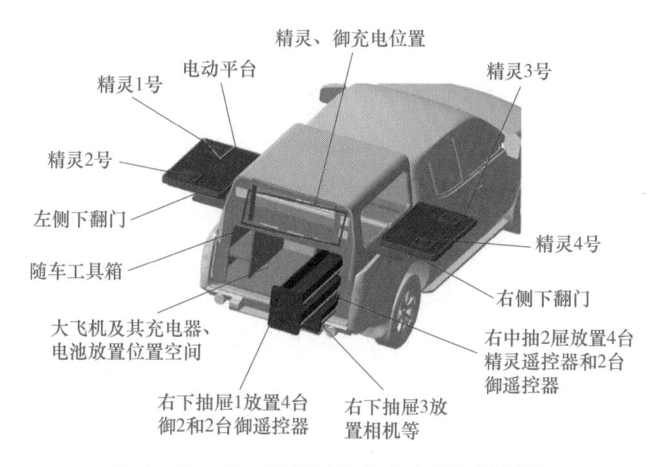

图3-48　无人机移动作业车空间分配说明

第4章 无人机巡检典型案例分析

4.1 无人机空中悬停及精确拍照

2019年6月、7月，国网嘉兴供电公司输电运检中心在500kV线路隐患排查工作中发现，洪×5836线、洪×5835线部分金具锈蚀比较严重。按照国家电网有限公司关于线路技改、反措的要求，将更换锈蚀金具逐步列入年度大修、技改项目，尽早更换以保证线路的运行安全。为全面掌握金具锈蚀情况，采取无人机检查的方式，对洪×5836线、洪×5835线进行抽查并拍照分析，形成报告作为参考，以便更合理的安排大修、技改工作。

专项检查工作计划：结合锈蚀分布情况和线路历年变动可知，洪×5836线、洪×5835线利用原嘉×5417线老线路，其中利用老线路段为洪×5836线A、B相，洪×5835线C相。根据工作计划，安排锈蚀情况的排查工作，采用无人机巡视的方式，对检查的逐基拍照并做好分析记录。具体工作计划安排见表4–1。

表4–1 专项检查工作计划安排

序号	检查时间	备注
1	6月11日	无人机抽检，抽检杆号75号
2	6月17日	无人机抽检，抽检杆号64号
3	6月24日	无人机抽检，抽检杆号63号
4	6月27日	无人机抽检，抽检杆号45、46、47号
5	7月10日	无人机抽检，抽检杆号49、50、52号
6	7月11日	无人机抽检，抽检杆号39、40、41号
7	7月16日	无人机抽检，抽检杆号8、9、10号
8	7月17日	无人机抽检，抽检杆号3、4、5号
9	7月18日	无人机抽检，抽检杆号18、19、20号

2019年6月11日起，输电运检中心开始对洪 ×5836线、洪 ×5835线金具进行无人机抽检巡视。重点对各连接部位销钉缺失情况、螺栓松动情况进行检查。此类设备往往较为细小，连接位置多位于视觉盲区。无论是地面巡检人员利用望远镜设备观察，还是高空检修人员登杆检查，均无法全面排查设备缺陷情况。而无人机通过多角度悬停对重要金具进行重点精确拍照，发现了多处隐患，及时上报，见表4-2。从而可及时进行消缺处理，防控了安全隐患事件的发生。

线路名称：洪 ×5836线、洪 ×5835线；检查部位：各相金具（洪 ×5836线C相、洪 ×5835线A、B相均未发现锈蚀，未列入表中）。

表4-2　　无人机抽检巡视发现的隐患

杆塔号	洪 ×5836线A相	洪 ×5836线B相	洪 ×5835线C相	检查情况
3		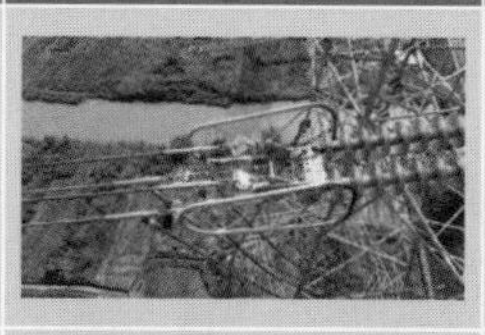		未发现锈蚀
4	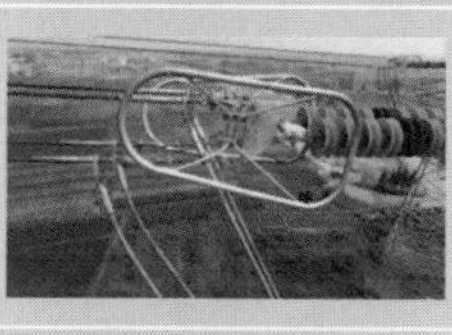			未发现锈蚀
5				三相金具锈蚀较为严重
8				三相金具锈蚀较为严重
9				三相金具锈蚀较为严重
10				三相金具锈蚀较为严重

续表

杆塔号	洪 ×5836 线 A 相	洪 ×5836 线 B 相	洪 ×5835 线 C 相	检查情况
18				三相金具锈蚀较为严重
19		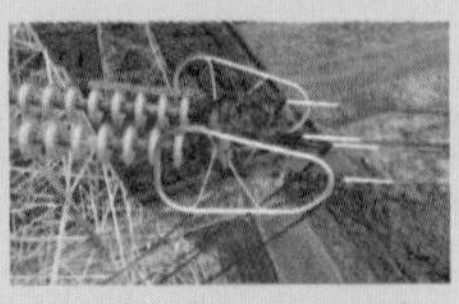		三相金具锈蚀较为严重
20				三相金具锈蚀较为严重
39				三相金具锈蚀较为严重
40			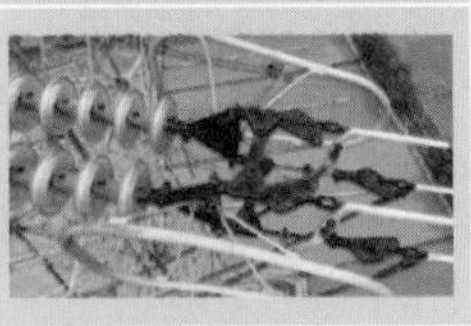	三相金具锈蚀较为严重
41				三相金具锈蚀较为严重
45				三相金具锈蚀较为严重
46			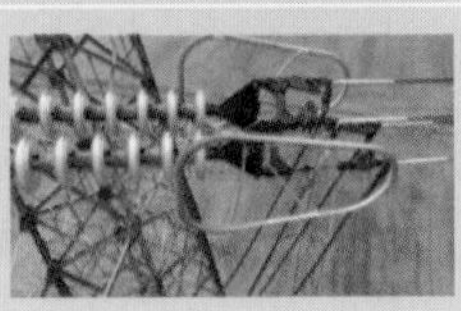	三相金具锈蚀较为严重
47				三相金具锈蚀较为严重

续表

杆塔号	洪×5836线A相	洪×5836线B相	洪×5835线C相	检查情况
49				三相金具锈蚀较为严重
50				三相金具锈蚀较为严重
52				三相金具锈蚀较为严重
63				锈蚀较轻
64	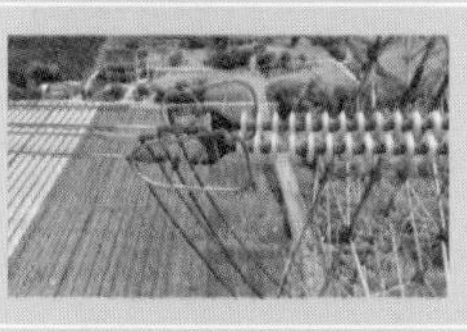	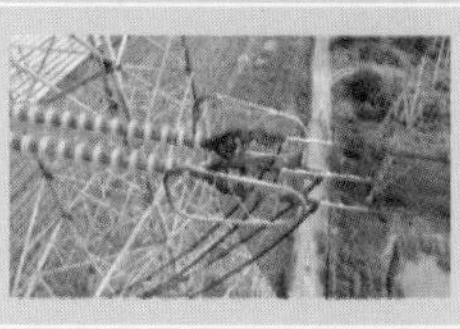		三相金具锈蚀较为严重
75				三相金具锈蚀较为严重

检查结论：洪×5836线A、B相，洪×5835线C相金具锈蚀较为严重。

4.2 无人机红外测温

无人机任务吊舱主要为单光源吊舱，分为可见光吊舱及红外吊舱，其红外任务设备分辨率相对较高，具备热图数据，可发现导线接续管、耐张管、跳线线夹及绝缘子等相关发热异常情况。

2019年8月，输电运检中心利用无人机搭载红外设备吊舱，对星×2U11线、星×2U12线15号、14号耐张塔塔接点开展了集中红外测温，见图4-1。

由于无人机测控距离超过了5km，因此通过一次起降，顺利完成了2基220kV线路耐张杆塔的红外测温工作，效果极为显著。

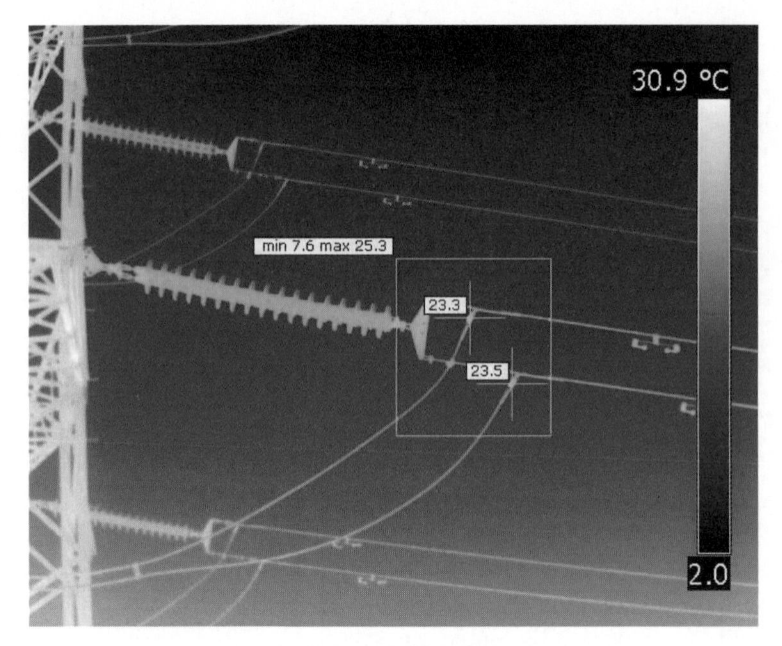

图4–1　红外测温

目前，合成绝缘子断串隐患、瓷质绝缘子零值或低值隐患已对设备安全构成较大影响，以往通过合成绝缘子憎水性测试及拆除后送检、瓷质绝缘子登杆逐片摇测、地面人工红外测温等手段进行检查，存在检测手段复杂、红外测温效率低下、零值检测不全或不准等情况。为此，在合成绝缘子缺陷判断和瓷质绝缘子低值／零值检测中引入了无人机红外测温手段，可对5km段内杆塔逐基进行检测，提高了工作效率和质量。

综上所述，无人机巡检红外测温技术具有单次起降大范围测量的优点，解决了以往红外测温人工作业量大、效率低下的问题，发展前景良好。

附录A　输电运检中心自主机巡作业规范手册

输电运检中心自主机巡作业规范手册

一、引言

根据架空输电线路协同立体化巡检体系建设工作方案要求，为进一步推进人机协同智能巡检技术应用，构建基于智能装备的立体化巡检体系，同时提升无人机巡检智能化水平，加强专业化人才体系建设，依托无人机无人值守机巢，引进无人机不间断巡检技术。

本规范手册是为指导规范巡检人员对自主机巡软件及机巢控制进行简易操作。

二、主要内容

（一）航线规划

使用人在平台端登录“机群作业控制中心”，查看、新增无人航飞的航线，见图A–1（注：机群作业控制中心仅能在有加密狗条件下的PC端使用）。

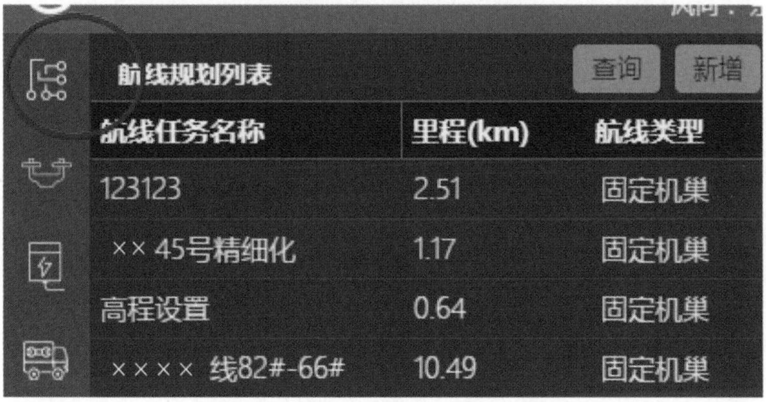

航线规划列表　查询　新增

航线任务名称	里程(km)	航线类型
123123	2.51	固定机巢
×× 45号精细化	1.17	固定机巢
高程设置	0.64	固定机巢
×××× 线82#-66#	10.49	固定机巢

图A–1　登录“机群作业控制中心”

点击新增按钮，弹出新增航线任务窗口，进行航线新增，见图A–2。

添加线路：添加航飞的线路杆塔（线路列表只加载出站机巢1km内有杆塔的线路），见图A–3。

若系统中有已规划完善的“精细化”巡检数据，可以勾选并执行精细化+通道飞行，见图A-4。

点击“保存航线任务”，完成航线规划，见图A-5。

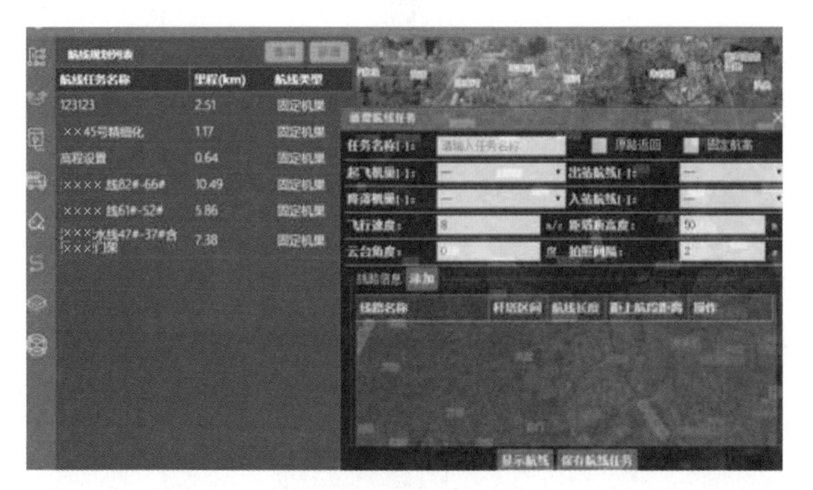

图A-2　新增航线任务

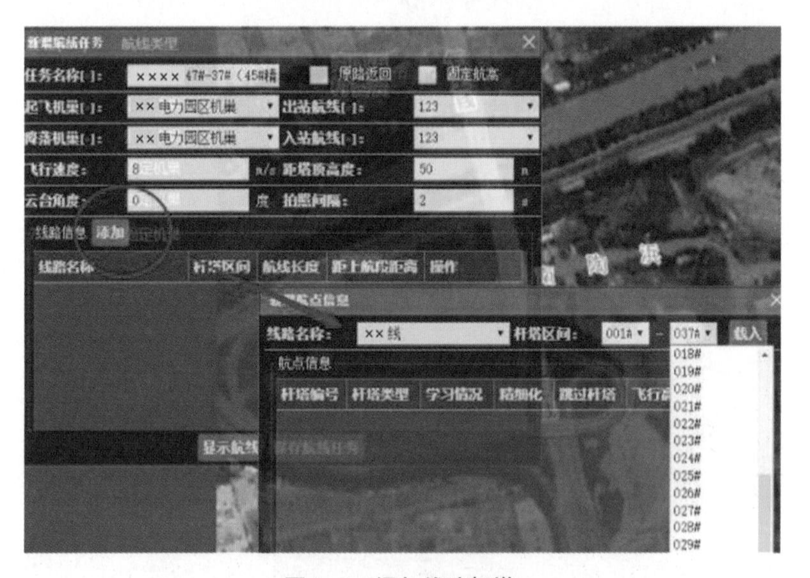

图A-3　添加线路杆塔

查看航线：选择一条航线，双击，则系统自动加载航线到地图上，并弹出航线任务详情。通过鼠标放大、缩小、移动等操作，可查看完整的航线；航线任务详情中，可查看到飞行速度，高度，云台角度、拍照间隔等信息；点击模拟飞行，可模拟航线飞行。

（二）机巢控制

该模块可查看机巢部件信息，包括微气象信息、指令状态等，见图A-6。机巢闲置时，应关闭照明、摄像头、入巢，并关闭电池充电（避免电池过充），机巢部件指令状态功能按钮及功能描述见表A-1。

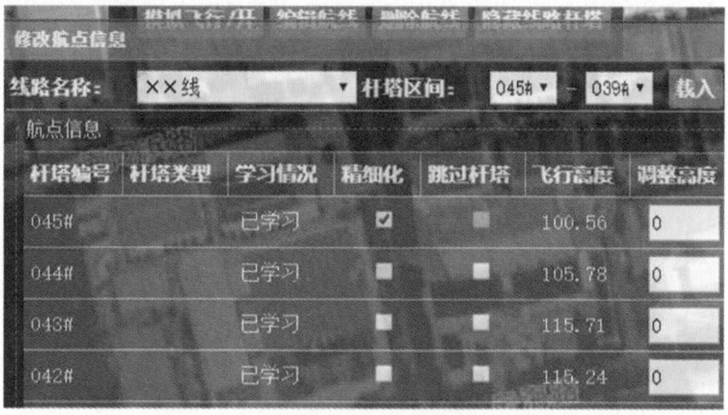

修改航点信息

线路名称：××线　杆塔区间：045#－039#　载入

航点信息

杆塔编号	杆塔类型	学习情况	精细化	跳过杆塔	飞行高度	调整高度
045#		已学习	☑	☐	100.56	0
044#		已学习	☐	☐	105.78	0
043#		已学习	☐	☐	115.71	0
042#		已学习	☐	☐	115.24	0

图A-4　勾选航线

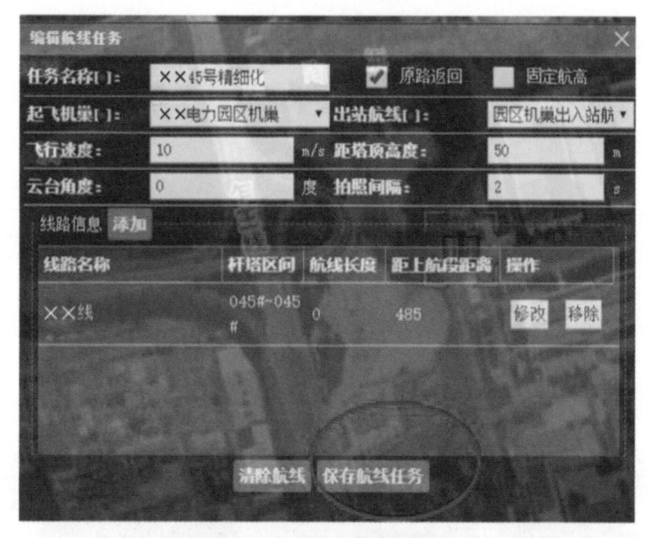

图A-5　保存航线任务

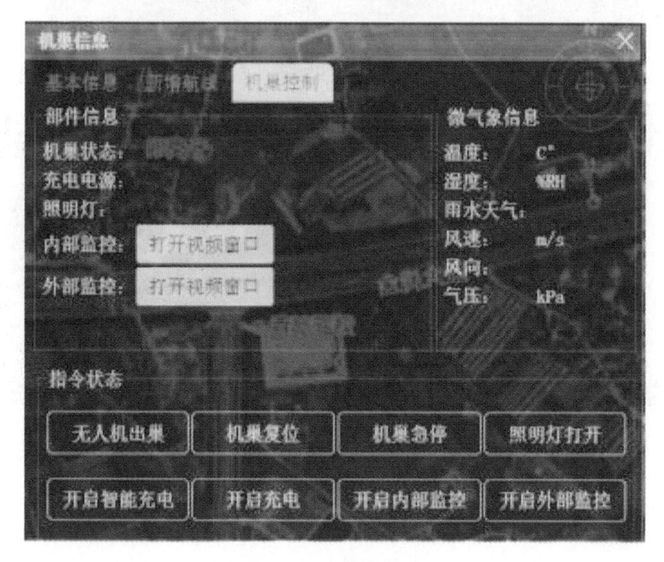

图A-6　机巢信息

表 A-1　　机巢部件指令状态

功能按钮	功能描述
无人机出巢	打开机巢盖，并把无人机升起
无人机入巢	无人机归中，把无人机入巢，关闭巢盖
机巢复位	将机巢复位，恢复到起始状态
机巢急停	当发生紧急情况的时候，可以通过快速按下此按钮来达到保护的措施
照明灯打开	打开机巢里面的照明灯
开启智能充电	启动智能充电
开启充电	启动普通充电
开启内部监控	开启内部监控，再点击内部监控对应的“打开视频窗口”，能看到机巢的内部情况
开启外部监控	开启外部监控，再点击外部监控对应的“打开视频窗口”，能看到机巢的外部情况

远程操作无人机在机巢内部升起过程，可以从中观察起飞过程中机巢内部情况，见图 A-7。

图 A-7　机巢内部情况

无人机起飞过程，可以从中观察无人机起飞过程、机巢外部及沿航线飞行情况，见图 A-8。

无人机航线飞行过程，可以在系统中观察杆塔的当前状态，实时监控各部件运作情况。

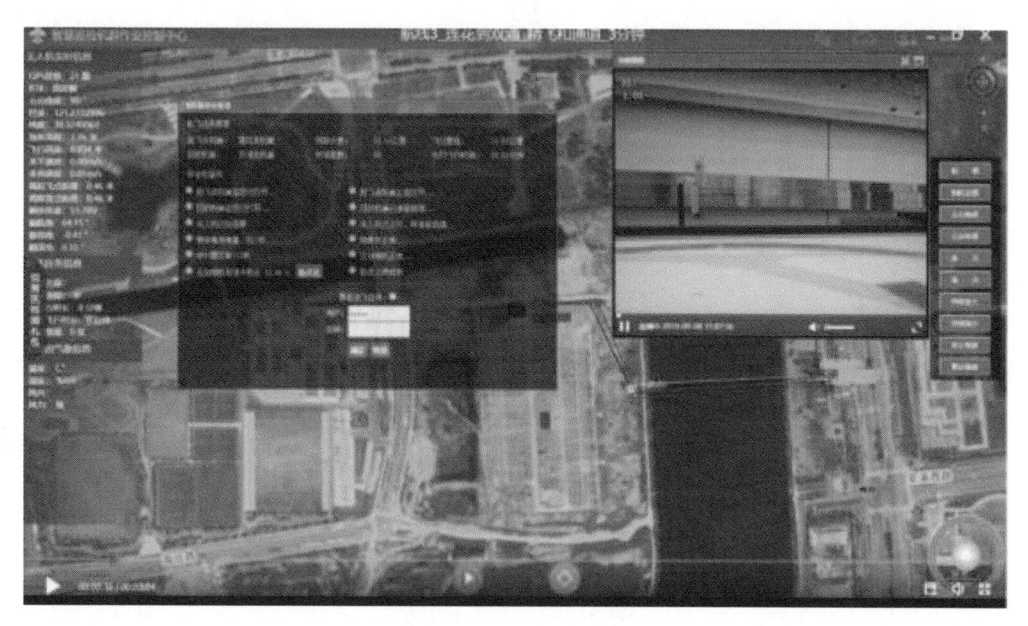

图 A-8　无人机起飞情况

无人机降落过程，可以从中观察到机巢的开启状态及周边情况，见图 A-9。

无人机返回机巢内部及充电状态，可以从中观察到无人机实时健康状态，见图 A-10。

图 A-9　无人机降落情况

图A-10　无人机健康状态实时观察

（三）下载拍摄图像

任务执行结束后，查看航线任务执行情况，下载任务拍摄的影像，见图A-11。下载的影像在输电平台中可以查看。

航线任务执行情况列表　查询　更新

任务执行编号	航线类型	状态	操作
123123_20200507131257	固定机巢	任务飞行中	下载影像
××45号精细化_20200507124227	固定机巢	任务飞行中	下载影像
×××× 线82#-66#_20200507103521	固定机巢	图片上传中	下载影像
×××× 线47#-37#含××变门架_20200507095126	固定机巢	图片上传中	下载影像
×××× 线47#-37#含××变门架_20200506132424	固定机巢	图片上传中	下载影像
×××× 线82#-66#_20200506124321	固定机巢	图片上传中	下载影像
×××× 线82#-66#_20200505160747	固定机巢	图片上传中	下载影像
×××× 线47#-37#含××变门架_20200505152955	固定机巢	任务飞行中	下载影像
123_20200429154537	固定机巢	任务飞行中	下载影像

图A-11　下载任务拍摄影像

（四）无人机操作流程及注意事项

无人机操作流程及注意事项见表A-2。

表A–2　　　　无人机操作流程及注意事项

操作流程	操作描述
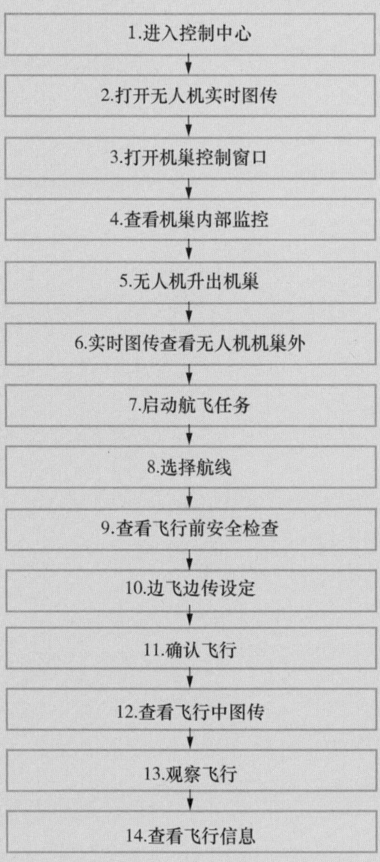 1.进入控制中心 ↓ 2.打开无人机实时图传 ↓ 3.打开机巢控制窗口 ↓ 4.查看机巢内部监控 ↓ 5.无人机升出机巢 ↓ 6.实时图传查看无人机机巢外 ↓ 7.启动航飞任务 ↓ 8.选择航线 ↓ 9.查看飞行前安全检查 ↓ 10.边飞边传设定 ↓ 11.确认飞行 ↓ 12.查看飞行中图传 ↓ 13.观察飞行 ↓ 14.查看飞行信息	1.在无人机列表中，选择对应无人机。在弹出菜单中，点击“进入控制中心”按钮，进入无人控制中心
	2.点击“图文传输”按钮，打开无人机实时图传
	3.点击“机巢”按钮，打开起飞点机巢控制窗口
	4.点击摄像头对应的“打开视频窗口”，查看机巢的内部监控视频
	5.通过起飞点机巢内部监控，看到机巢内，机巢的巢盖一步步打开，无人机从机巢内部升出
	6.在实时图传窗口，从无人机摄像头，看到了机巢的外部情况
	7.点击蓝色启动航飞任务按钮，显示航线任务执行前准备
	8.选择所需执行的航线任务
	9.点击下一步，系统弹出“飞行前安全检查”。该窗口列出了航飞任务信息和安全检查项。 9.1　电池电量<47.55V，不建议飞行。 9.2　请检查RTK状态，是否进入固定解。 9.3　请检查气象信息，大于3级风不建议飞行，大于5级风禁止飞行。 9.4　下雨时禁止飞行
	10.用户可以勾选“边飞边传项”，勾选后，拍照的图片将自动从无人机上传到输电平台
	11.输入用户名和密码，点击确定。无人机才能起飞和执行航飞任务
	12.当无人机起飞后，用户可以从实时图传看到从无人机摄像头发送的视频
	13.用户在屏幕看到无人机从机巢起飞，正沿着紫色航线飞行
	14.从左边无人机实时信息列表，用户可以看到无人机当前的经纬度，飞行高度和水平高度等。从航飞任务列表中，用户可以看到航线相关信息。从关键点气象信息中，用户可以看到气象信息

续表

操作流程	操作描述
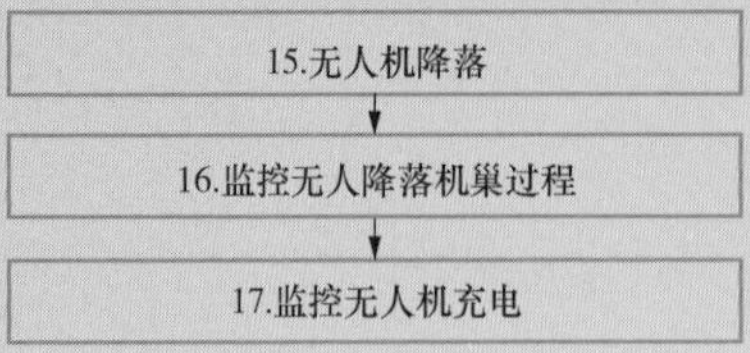 15.无人机降落 → 16.监控无人降落机巢过程 → 17.监控无人机充电	15. 当无人机执行完航线任务后，将降落到航线任务中预定的降落机巢。 降落前，需要提前把降落机巢打开
	16. 用户在屏幕和实时图传中，监控无人机降落机巢过程